建設業コスト管理の極意

日刊建設通信新聞社

中村秀樹　志村満　降籏達生　著

はじめに

　原価とは？　コストダウンの方法は？　実行予算作成のコツは？
歩掛りとは？　建設業の仕事の中には「ものづくり」に必要な専門用
語や独特な手順が数多くあります。単に作業を進めていくだけの知識
以外に「いかに安く、無駄なく、工期内に満足のいくものをつくりあ
げるか」の知恵が求められます。
　この知恵の土台には、工事を進めていく原価管理の知識が必須です。
なぜなら、利益を生むポイントを知っておく必要があるからです。
　例えば、工事に従事している人が「俺はここまで作業を円滑に管理
しているから、何の問題もない」と満足していたとしましょう。
　ところが、

- 協力会社の支払出来高を把握していなかったので過払いをしていた
- 施主からの変更要求に見積もり書を提出していなかった
- 出面を取っていなかったので常用精算の確認ができなかった

など、お金に関する知識不足が原因で会社に損失を与えてしまったら
どうしますか。
　「知っていたら、もっとチェックしていたのに」と後悔しても遅い
のです。

こうした甘い詰めが、利益創出をおぼつかなくするのです。先読み不足です。原価管理への理解不足です。「そうか！　そんなルールがあったのか」「なるほど！　支払いにはこんなチェックが必要なのか」「いつも使い慣れているこの用語には、こんな意味と使い方があったのか」という気づきとヒントがあれば、利益は手の中に入ったようなものです。これが本書のねらいなのです。

　知っておくと役立つ実践知識を、建設業の経験を有した小生たちが、学ぶ立場になってQ＆A形式でまとめました。いつも建設会社の指導や研修で「ここだけはしっかり習得してほしい」と強調するポイントを抜粋してまとめたのが本書です。

　分かりやすく解説することを主眼に、どこからでも読めるように工夫しました。建設会社の事務や営業の人たちが工事と会社の関係を理解する一助になるよう、巻末に手順のフローをまとめました（140ページ参照）。

　今後、生き残りをかけたますます過酷な企業間競争が続いていくでしょう。

　そのなかで、1円でも多く利益を生み出す糸口にしていただければ、これに勝る喜びはありません。

2010年　1月
　　　　　　　　　　　　中村　秀樹　　志村　満　　降籏　達生

はじめに____002

第1章　原価管理の基礎知識

Q01	そもそも原価とは何か____012	
	COLUMN　利益率と利益額、どちらが大切か	
Q02	利益はなぜ必要なのか____014	
Q03	粗利益とは____016	
Q04	会社の中の原価の流れは____018	
Q05	建設業における個別原価計算の意味は____020	
Q06	工事完成基準と工事進行基準の違いは____021	
Q07	何が分かればコストを算出できるか____022	
Q08	原価管理における単価の決定の方法は____023	
Q09	実行予算は誰でも作成できるか____024	
Q10	お金の受け取りと支払いのルールは____025	
	COLUMN　ある建設会社の経理担当の悩み	
Q11	支払いパターンとは____027	
Q12	財務会計と管理会計はどう違うか____028	
Q13	現場における財務会計の必要知識とは____029	
Q14	原価管理のPDCAサイクルとは____030	
	COLUMN　出面とは	

CONTENTS

第2章　営業と積算における原価管理

- Q15　会社のコスト競争力とは____032
- Q16　利益を優先した見積もりとは____033
  - COLUMN　利益が先か原価が先か
- Q17　見積もり単価はどう設定するのか____035
- Q18　見積もり単価を設定するための値入れ率とは____036
- Q19　見積もり交渉の駆け引きで知っておくべきことは____037
  - COLUMN　交渉カードをそろえる
- Q20　概算見積もりで受注していいか____039
- Q21　標準歩掛りとは____040
- Q22　標準歩掛りをどうコストダウンに活かすか____041
- Q23　標準単価の役割は____042
- Q24　標準単価の維持管理方法は____043
- Q25　積算ルールとは____044
  - COLUMN　鉄筋工事の積算ルール

第3章　実行予算作成と原価管理

Q26　実行予算が「現場の家計簿」と呼ばれる理由は____046
　　　COLUMN　実行予算の目標設定について
Q27　現場のコスト意識とは____048
　　　COLUMN　コスト意識を持つためには
Q28　実行予算の役割は____050
Q29　予算実績管理の工夫は____051
Q30　設計数量と所要数量の違いは____052
Q31　材料のロス率の設定方法は____053
Q32　実行予算における数量の検証の必要性は____054
Q33　実行予算と施工計画の関係は____055
　　　COLUMN　作業手順書はなぜ必要か
Q34　原価予測を改善につなげる方法は____057
　　　COLUMN　「サキヨミ」の重要性
Q35　一式計上の予算はなぜいけないか____059
Q36　実行予算管理で材工の落し穴は____060
Q37　原価管理は単価を知らなければできないか____061
Q38　建築工事の実行予算の構成は____062
Q39　土木工事の実行予算の構成は____063

CONTENTS

第4章　施工中の現場の原価管理

- Q40　工期と工事原価の関係は____064
- Q41　「3ム」とは____065
  - COLUMN　IEで生産性アップ
- Q42　利益拡大のための秘訣は____067
  - COLUMN　マクドナルドが100円バーガーを出せる理由
- Q43　なぜ作業に生産性目標（標準歩掛り）を持つのか____069
  - COLUMN　より高く跳ぶには
- Q44　小間割を活用するポイントは____071
  - COLUMN　仕事の頼み方、支払い方法
- Q45　生産性を高める最適な人数は____073
- Q46　原価の進捗確認方法は____074
- Q47　実行予算と累計工事費を比較する方法は____075
- Q48　現場の月次決算の役割は____077
- Q49　現場の月次原価報告の注意点は____078
- Q50　協力会社への発注価格が適正か判断するには____079
  - COLUMN　歩掛りにより原価と工期を同時に管理する
- Q51　変更工事で利益を上げるコツは____082
  - COLUMN　施主と現場のウィン・ウィン
- Q52　VEとは____085
- Q53　VEを実施するときの重要な視点は____086
  - COLUMN　生産性を高めてコストダウンを図る
- Q54　施工検討会とは____088

第5章　購買における原価管理

- Q55　集中購買と分散購買の違いは____089
- Q56　集中購買のメリット、デメリットは____090
- Q57　購買で早期の交渉、契約が重要な理由は____091
- Q58　出来高をコスト意識に結びつけるには____092
- Q59　出来高調書、支払い調書とは____094
- Q60　出来高査定とは____096
- Q61　注文書の役割は____098
- Q62　注文書と注文請書の関係は____100
- 　　　COLUMN　ちりも積もれば
- Q63　過払いとは____102
- Q64　協力会社への留保金とは____103
- Q65　請求漏れ、過払いをなくす方法は____104
- Q66　協力会社の評価方法は____105
- Q67　協力会社との望ましい関係は____106
- Q68　評判の悪い協力会社を採用する場合の注意点は____107
- Q69　元請と協力会社の責任範囲は____108
- Q70　なぜ発注時の管理が重要か____109
- Q71　相見積もりの注意点は____110
- Q72　材工と分離発注の違いは____111
- Q73　建設業法における下請契約の禁止事項は____112
- Q74　協力会社との取極交渉のコツは____113
- 　　　COLUMN　協力会社との交渉を有利に進めるには

第6章　工事収支と経営・利益確保の関係

Q75　現場担当者の人件費はどこから出ているか____115
Q76　固定費と変動費とは____116
　　　COLUMN　なぜ格安航空券が売られているのか
Q77　損益分岐点とは____119
Q78　減価償却とは____120
Q79　損料の決め方は____121
　　　COLUMN　損料と賃料の違いは
Q80　資金繰りとは____123
Q81　工事立替金の金利負担の方法は____125
Q82　1人当たりの利益の重要性は____128
Q83　技術者1人当たりの適切な工事量は____129
Q84　社員の原価意識を高めるには____130
　　　COLUMN　やる気を高めるためには
Q85　技術者に営業をさせるには____132
　　　COLUMN　技術営業の進め方
Q86　ベテラン社員のノウハウを活用するには____134
Q87　コストダウンのノウハウを蓄積するには____135

コストダウン10カ条____136

原価管理のポイント①　すべての段階で無駄な支出を排除____140
原価管理のポイント②　お金のコントロールの着眼点____146

建設業コスト管理の極意

Q01 そもそも原価とは何か

　原価とは、そのものをつくるためにかかる費用をいいます。外注費、材料費、労務費、現場経費からなります。売上げから原価を差し引いたものを粗利益といい、企業の利益の源泉です。社員が原価と粗利益を意識して仕事をすることで、利益の上がる組織をつくることができます。

○月○日　粗利益一覧表（ベスト10）

順位	ネタ	売値	本日の原価	本日の粗利益
1	サンマ	150円	30円	120円
2	マグロ	200円	90円	110円
3	イカ	230円	130円	100円
⋮	⋮	⋮	⋮	⋮
10	トロ	800円	750円	50円

　儲かっているお寿司屋さんでは、板前さんの目の前に「粗利益一覧表」が貼り出してあり、板前さんは常に原価と粗利益を意識して商売をしています。上の表では「サンマ」の粗利益が高くなっています。ここでいう「原価」「粗利益」とは、次のように求めます。

原価 ＝ 材料費（ネタ、ご飯、わさび）＋ 外注費（ここでは0円）
粗利益 ＝ 売上げ － 原価

　板前さんは、この一覧表を基にして、粗利益が多い順にお客様に勧め、お店の粗利益を確保するのです。原価知識が欠けているお寿司屋さんはこうはいきません。

「きょうはトロがおいしいよ。市場で苦労して仕入れてきたので食べてみて」

「トロ」は売値が高いので、これを売ると売上げは伸びます。売上げが伸びると、お店の金庫には現金がたまるので、儲かった気がするのです。しかし、粗利益が少ないために、結果としてお店の利益は上がりません。「どんぶり勘定」で商売をしているため、粗利益を意識せずにお客様に勧めているのです。

お寿司屋さんでは、板前さんを教育することで「原価知識」を高め、「粗利益一覧表」を貼り出すことで「原価低減意欲」をかきたてるのです。

その結果として、粗利益額が増加し、長く商売をすることができます。原価知識と原価低減意欲が低いお店は、お客様の記憶から名前が消えてしまいます。

建設会社では、現場が稼ぎ出す粗利益こそが会社運営の源泉です。そこから社員の給料や水道光熱費などの経費を支払い、最終利益を残し、それを蓄えて今後の運営経費とすることで、経営が成り立っているのです。

COLUMN

利益率と利益額、どちらが大切か

工事原価のうち、外注費、材料費は、売上高の多寡（たか）により変動するために、変動費といいます。また、販売費、一般管理費と従業員給与は売上高の多寡によって大きく左右されないので、固定費といいます。

つまり、売上高にかかわらずに、かかる固定費以上の付加価値を稼ぎ出さなければ利益を出すことはできません。

したがって、あくまで付加価値率（利益率）は目安であるため、経営に必要な付加価値額（利益額）を常に念頭において、企業運営をしなければなりません。

Q02 利益はなぜ必要なのか

　1年間の売上げから工事原価と販売費、一般管理費を差し引いたものを営業利益といい、ここから営業外損益、特別損益を加減し、さらに税金を差し引いたものを当期純利益といいます。**当期純利益は、今後の新規投資や不況期の備えとして使用されます。つまり、当期純利益とは将来コストであり、企業が長く存続するために欠かすことのできないものです。**

会社にとって、利益とはなぜ必要なのか、そして、そもそも利益とは何なのかについて、考えてみましょう。会社が今稼いでいる程度を知るために、以下の数式で、1年間の「経常利益」を算出します。

```
　　　売上高(完成工事高)
ー)　工事原価
　　　売上総利益(工事総利益)
ー)　販売費・一般管理費
　　　営業利益
±)　営業外損益
　　　経常利益
```

上記の数式で使った言葉の意味は次のとおりです。

- 売上高（完成工事高）：工事や業務を実施して、お客様からいただいたお金の合計
- 工事原価：工事や業務を行うために直接必要なお金。例えば、外注費、資材費、工事、業務に直接かかわる従業員給与など

- 販売費・一般管理費：工事や業務を行うために間接的に必要なお金。例えば、役員、営業、総務にかかわる人々の給与、販売促進のための費用、研修費用など
- 営業外損益：借入金や貯金の金利など

　売上げに対して、経常利益がどの程度の割合であるかを、会社の「収益性」といいます。これはいわば、現在の会社の「元気度」を測る尺度です。

　経常利益から毎年支払う税金を差し引いた残りの金額（当期純利益）が、会社の貯金の原資です。会社の事業規模に対して、これまでに自分自身で積み立てた貯金がどの程度あるかを、会社の「安全性」といいます。これはいわば、会社の「基礎体力」を測る尺度です。

　それでは、なぜ利益を出さないといけないのでしょうか。また、なぜ会社には貯金が必要なのでしょうか。

　会社には、成長発展期、停滞期、低迷期があります。利益を出して、これを蓄える必要性とその使い途は、会社の成長過程によって異なります。

成長発展期：車・重機・機械の購入資金、事務所のリフォーム費用、営業所の新設費用、新規事業への投資など

停滞期、低迷期：業績が悪いときの社員給与、事務所維持費など

　これらはすべて将来のコストです。成長発展期であっても、停滞期、低迷期であっても会社を存続させるためには、コストが必要なのです。

　年度ごとの利益のみに頼ることなく、成長発展するためにも、停滞期、低迷期を脱するためにも、貯金が欠かせません。利益は会社の将来のコストであり、利益が多く、蓄えをしている会社ほど、成長発展の期待度や、停滞期、低迷期から脱して継続する可能性が高いといえます。

03 粗利益とは

粗利益とは現場に残ったお金です。したがって、この残ったお金が、間接部門や本社などの会社経費にあてられるのです。

下図の中で、工事の対価として入ってくるお金は工事請負金です。そこから工事原価として出ていくお金には4つの要素があります。

それは、工事をするための「材料費」、協力会社に支払う「外注費」、直営作業者の賃金や労務主体の協力会社へ支払う「労務費」、工事に従事する現場代理人、工事技術者などの人件費を含めた「現場経費」の4要素です。これらを工事原価と呼びます。

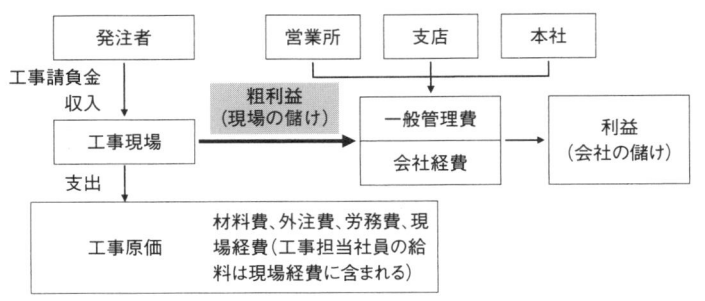

入ってくるお金 － 出ていくお金 ＝ 現場に残ったお金

これを粗利益と呼び、営業や事務などの会社経費に充当されていく大切な資金なのです。

その会社にとって粗利益の必要額はまちまちです。

例えば、社員20人の会社規模で、そのうち10人が経営者、事務、工務、営業社員、残りの10人が現場担当とします。

現場で働く社員以外の間接人員10人の合計人件費と、会社経費を合わせて年間１億5,000万円が必要で、年間の完成工事高（完工高、年間の完成した工事金額の合計のこと）が10億円の場合、最低でも15％の粗利益が必要ということになります。

　間接人員が少なく、会社経費も少ない会社と、そうではない会社を比べると、この金額（または粗利益の％）は異なります。

　一方、年間の完工高が５億円であるなら、上記の15％の粗利益は２倍の30％にしないと、会社は赤字になってしまいます。

　すなわち、年間完工高と必要会社経費の割合で、現場に要求される粗利益率（％）、粗利益額は異なってくると考えて下さい。

粗利益の位置づけ

請負金額		6,000千円	100%
工事原価	材料費	3,000千円	50%
	労務費	800千円	13%
	外注費	200千円	4%
	現場経費	800千円	13%
粗利益 ※1		1,200千円	20%
（一般管理費）※2		900千円	15%
（工事利益）※3		300千円	5%

※１　現場で残ったお金で、工事終了後、会社に持っていける儲けと考えられる。このお金が会社の経費にあてられる。会社経費は年間の支出額がほぼ予定できるので、その金額だけ現場の儲けである粗利益を生み出さなければならない。完成工事高が少なくなれば、それだけ現場の粗利益額の負担が増えていく

※２　現場で働いている以外の社員の給料や会社の経費

※３　会社に残ったお金で、現場が会社に儲けさせたもの。この金額がマイナスだと赤字になることが多い

Q04 会社の中の原価の流れは

　会社の中の原価の流れは、顧客（発注者）から請負金額という形で入金があり、協力会社や資材会社へ購買（発注）という形で出金します。請負金額と工事原価の差額が粗利益になります。会社の中では、見積もり、実行予算、発注、支払いが原価の主要な流れになります。

原価の流れは、大筋ではどの会社も同じですが、細かい部分については異なっています。次ページに標準単価、標準歩掛りを基軸とした原価フローの例を紹介するので、原価の流れを確認して下さい。

① 競争力のある見積もり原価を算出するために、標準単価、標準歩掛りの低減を目指す原価管理をする。標準単価から見積もり原価が算出される

② 見積もり原価に対する粗利益額（または粗利益率）を設定し、見積もり金額を決定する。粗利益額（または粗利益率）から見積もり単価を設定し、見積もり書を作成する

③ 顧客との契約金額と見積もり原価を考慮して、目標利益を差し引いて指示予算を作成する。会社の目標利益から建設現場ごとに適正な指示予算を設定する

④ 実行予算は、現場責任者が現場の条件を検討し、指示予算から策定する。実行予算検討会で、組織的にコストダウン策を検討し、実行予算が適正かどうかを判断することが重要になる

⑤ 承認された実行予算を基準として、発注管理を行い、現場の最終的な粗利益額を決定する

⑥ 実行予算を基準として、目標に対する差異を評価する

⑦ 発注単価、歩掛り実績をフィードバックし、必要に応じて標準単価、標準歩掛りを修正する。また、差異の大きなものについては差異分析を行い、フィードバックする

　完了時に行う施工レビュー（工事報告会、工事反省会など）で実績をレビューし、ノウハウを収集することが重要です。

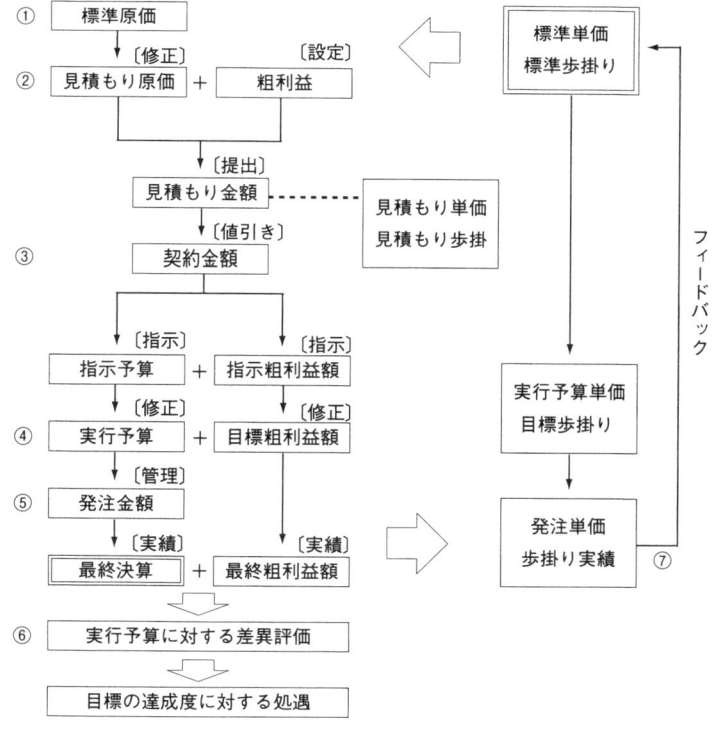

Q05 建設業における個別原価計算の意味は

　工場では、同じ屋根の下でさまざまな品物をつくります。電気代、機械設備代、労賃など品物ごとに割りあてることは困難です。そこで「総合原価計算」として会計処理します。一方、工事現場では、工事請負契約に基づいてつくるものが図面で示され、仕様書により品質が決定されるので、工事現場ごとに原価を確定して、損益を決定していきます。これを「個別原価計算」と呼びます。

　建設会社にとって個別原価計算をするメリットは、類似工事の見積もりの参考データがつくれることです。そのとき、材料費、労務費、外注費、現場経費の工事原価4要素を工種ごとに比較して、何にどれだけ費やしたか、その理由は何であったかを調べていくことが重要です。次に、税務上、個別原価計算は決算のとき、工事ごとの収支を明確にできるというメリットがあります。

　例えば、下図のように決算をまたいでB工事があったとします。A工事で出た利益を、B工事の材料購入代にあてたらどうなるでしょうか。正しい工事原価が算出されなくなり、工事収支は安易に利益操作に利用されてしまいます。これを防ぐためにも、建設工事では個別原価計算、すなわち工事現場ごとに工事名を明示して収入（工事請負金）と支出（工事原価）のやりとりを帳簿（原価台帳）で管理しておくことが重要です。

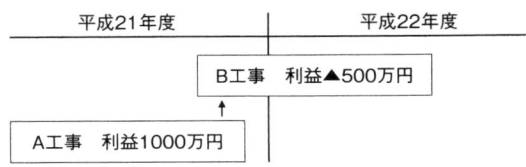

06 工事完成基準と工事進行基準の違いは

　企業決算において、期中（会計年度中）に完成した工事を精算（工事利益を確定すること）する方法を「工事完成基準」といい、期中に部分完成（出来高として計上）したものも含めて精算する方法を「工事進行基準」といいます。

　工事は完成まで1年以上かかるものもあります。長い期間、現場で工事収支が未確定であると、会社全体で儲かっているかどうかが分かりません。そこで、工事が完了した部分を受取出来高として計上し、その間に費やした工事原価の支払い金額を算出して、その差し引きで利益を判断するのが工事進行基準になります。次の図で説明してみましょう。

平成27年度	平成28年度	平成29年度
①	②	⑥
	③	⑦
	④	
	⑤	

　工事完成基準で決算すると、平成21年度の工事完成高は②+③+④です。
　そのとき、⑤と⑥は未成工事として工事精算はできませんので、まだ現場でお金の出し入れがされている状態です。
　一方、工事進行基準は工事中のものでも期中の工事出来高を精算して利益計上するものです。図中の⑤と⑥のアミかけ部分が売上げとして追加されます。

第1章 原価管理の基礎知識　021

Q07 何が分かればコストを算出できるか

　コスト（原価）は、**数量と単価を掛け合わせて算出します**。それらを集計すれば、見積もり原価や実行予算になります。つまり、**数量の算出と単価の設定ができればいいのです**。数量では労務の歩掛り（ぶがかり）が重要です。単価はコスト意識をもって覚えましょう。

　「単価」とは、トン（t）当たり〇〇円、平米（㎡）当たり〇〇円といった単位当たりの価格のことです。数量と単価が分かれば、その積によって金額を出し、累計して原価を算出します。それは、数万円の工事でも数十億円の工事でも同じです。数十億円の工事では、内訳書は数センチの厚さになりますが、「数量×単価＝金額」を積み上げて作成します。

コストの算出方法

数量×単価＝金額	見積もり書でも実行予算でも、数万円の工事でも数十億円の工事でも、「数量×単価＝金額」を積み上げて作成する
数量×単価＝金額	
：	
合計＝〇〇〇円	

　材料の数量は、設計図書や施工図から拾い出すことができます。数量の算出で難しいことは、どれだけの労務（人工（にんく））がかかるか、どれだけの重機（台数）がかかるかといった判断です。施工条件によって変わってくるので、標準歩掛りを使い、過去の施工経験などから判断して、適正な数量を把握します。これが外注費単価の設定や金額の交渉のポイントになります。

　単価は、供給が不足しているとき、つまり売手市場のときには高くなります。単価は変動するので、タイムリーで適切な単価情報を持つことが、コストの設定や金額の交渉のポイントになります。

Q08 原価管理における単価の決定の方法は

　会社内には「見積もり単価(見積もり原価)」「実行予算単価」「発注単価」の3つの代表的な単価があります。これらが部署ごとにばらばらに管理されていると、同じ材料でも社内で単価が異なり、原価も利益も不確かなものになります。社内で「**標準単価**」を設定し、それを基本として単価を決定することが重要です。

　見積もり単価は積算担当、実行予算単価は工事担当、発注単価は購買担当と、異なる部署が管理している会社があります。
　例えば、1枚のコンパネ(コンクリート型枠用合板)の値段が部署によって異なっていたら、見積もり時と実行予算時と発注時で大きく原価が変わり、会社として原価や利益を管理することは難しくなります。このような場合に、それぞれの単価の決め方をたずねると、次のような答えが返ってきます。

- 見積もり単価:積算資料、協力会社の見積もり、過去の見積もり単価、過去の発注単価
- 実行予算単価:見積もり単価、協力会社の見積もり、過去の実行予算、他現場の発注単価
- 発注単価:実行予算単価、協力会社の見積もり、他現場の発注単価

　これらの方法も必要なことですが、各自がばらばらに設定していれば、自社のコストが部署によって変動することになります。
　「標準単価」を設定し、3つの単価を連動させて、標準単価 → 見積もり単価 → 実行予算単価 → 発注単価 → 標準単価というサイクルで、コストを一元管理することが必要です。

Q09 実行予算は誰でも作成できるか

　「積算」は、図面から数量を拾い、手順に従っていけば誰でもできます。ところが、「実行予算」は、実際の施工計画にもとづいてコスト追求（コストダウンを追い求めること）されていくため、**経験のない人や浅い人には、最適な（実際にかかる）原価を割り出して、実行予算をつくるのは難しいと考えられます。**

　原価管理は、主に使うお金の管理です。お金の使い方の計画が実行予算であるなら、その予算にもとづいて今月、現場でお金をいくら使ったか、予算がいくら残っているのか、あといくら使う予定かを会社の手順で計算、報告しなければなりません。

　原価管理は、用語の意味やお金の流れが分かれば、経験が浅くても対応できますが、実行予算をつくるには相応の施工経験、知識が備わってないとできません。

　積算は、数量拾いができて、図面を読めて、相場単価を知っていればアルバイトでもほぼ可能です。でも、実行予算は全く違うのです。

　ある建設会社を指導している人は「実行予算は誰でも作成できなければダメだ。あなたの会社は作成できない人が多い。みんなが作成できるように仕組みをつくりなさい」と話していました。これは間違いです。

　それは、実行予算を「大体これくらいかかるでしょう」というアバウトな金額だと考えているからです。「本当にかかる金の10％くらいの誤差でいい」「1億円の工事で1,000万円の差が出ても会社はOKする」。こんなズボラな会社は今の世の中に存在しません。

　実行予算は、工事に従事する責任者が工夫、努力して出した最も支出を減らした宣誓書（誓いの予算）なのです。したがって、工夫、努力した跡が記入されているのが実行予算書なのです。

Q10 お金の受け取りと支払いのルールは

　会社は入ってくるお金（受け取り）と出ていくお金（支払い）を管理しています。支払い期日を明確にすることで、受け取りのお金をうまく回せるように努力しています。この毎月のルールが明確でなければなりません。

月末締め切りの翌々月10日支払いの場合

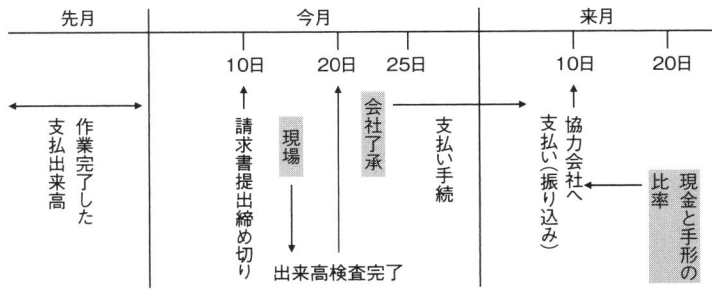

　まず、現場で購入するものや作業に要するお金をその都度支払っていたら、どうなるか考えてみましょう。

　「きょうは代金20万円の材料を現場に搬入したから、現金を会社からもらってこよう。それと……大変だなぁ！　現場で施工チェックする暇もない。困ったもんだ」という状況になります。

　そこで、下請契約（注文書による契約が一般的。98ページ参照）で支払い基準を定めておくのです。上図の流れ（ルール）で説明しましょう。

　今月に作業が完了した部分をお金に換算します。これを「支払い出来高」と呼び、その金額が過払いにならないように現場でチェックします。これを「出来高査定」と呼び、現場の重要な原価管理の１つです。

第1章　原価管理の基礎知識　025

これをおろそかにすると甘い会社と見られ、ザルで水をすくうような浪費癖のある会社になってしまいます。「過払い」とは、その時点で工事中断になったとき、精算するとマイナスになることを意味します。したがって、作業の進捗(しんちょく)と比較して支払い金額を算出していくことも、現場の原価管理に入ります。

　次に、現場でチェックした支払い予定先と金額を会社の経理に回します。一般的には、工事部の責任者がチェックし、経理に渡します。

　経理では、各現場の支払い金額を合計して、銀行へ振り込み依頼をすることになります。

　このとき、入ってくるお金があれば、それをあてにします。不足すると資金ショートになり、借金をするか、手形や株を売ってすぐに現金化しなければなりません。

　これらのやりとりは、人間の呼吸と同じことです。空気を吸うことができない、すなわち支払うべきお金がないということは、企業活動が断たれてしまうことになるのです。

- 入ってくるお金（受け取り）は1日も早くもらうこと
- 出ていくお金（支払い）は適正に評価（出来高査定）して過払いにならないよう、決められた日までに金額計算しておくこと

　この2つが生き続けるための現場のライフラインになるのです。

COLUMN

ある建設会社の経理担当の悩み

　ある建設会社の経理担当者の悩みは、現場担当者から請求書が突然回ってきて、すぐに支払ってほしいというケースがあるということです。経理として資金繰りの予定を立てなければなりません。なぜこのようなことが起きるのかと問うと、協力会社から来た請求書が現場の机の中にしまわれて、支払い直前に請求書が現場担当者によって処理されて回ってくるからだということです。

Q11 支払いパターンとは

「支払いパターン」とは、協力会社や資材会社との契約時に支払い方法を提示するために、支払い方法をいくつかパターン化したものです。**協力会社との契約時に支払い方法を明確にしなければ契約はできないし、また、適切な期間で支払わなければ、経理の資金繰りも厳しくなってしまいます。**

購買契約書に支払い方法（手形や現金の支払い方）を記載することが基本ですが、いくつかの支払いパターンを決めて選択する方法をとっている会社が多いようです。

例えば、労務は協力会社も作業員への支払いがすぐに生じるので、翌月現金支払い、資材は手形で3カ月後支払いなどと決めます。労務と材料の比率で、いくつかの支払いパターンをつくります。労務比率が高い協力会社ほど、入金も早くしてあげなければなりません。

経営的には資金の利息を考慮して、入金は早くし、支払いは遅くする傾向があります。これは協力会社の立場でも同様で、入金は早くしてほしいし、外部への支払いは遅くしたいと考えます。

支払いがあまり悪いと、協力会社も資金繰りに困るでしょうし、他の見積もり条件、見積もり金額が同じならば、支払いの良い会社の仕事をしたいと考えます。建設会社の中には協力会社へ早めに現金で支払い、その代わりに契約金額を下げさせているところもあります。

支払いパターンの例

支払いパターン	対象	翌月	2カ月後	3カ月後	4カ月後
パターン1	労務・小口材料	100%			
パターン2	外注工事A	40%	60%		
パターン3	外注工事B	30%	30%	20%	20%

Q12 財務会計と管理会計はどう違うか

「財務会計」は、決算書に代表されるように、株主などの外部に示すもので、法的なルールに則って作成します。一方、「管理会計」は、実行予算書に代表されるように、自社の原価管理に使うためのもので、自社で管理がしやすいようにルールを定めて作成します。

財務会計は、請求書などの金額を集計し、事実を積み上げます。そのため、1円の誤差もなく、帳尻が合わなければなりません。

それに比べて、管理会計は、計画と進捗管理を行い、コストを管理するためにあります。早く予測をして、実行予算の差異に対応しなければなりません。そのためには、注文書、納品書、工事日報などを活用し、コストの発生を抑えていく管理をします。コストの把握に多少の誤差があってもかまいません。それよりも早い対応こそが重要なのです。

「現場の月次決算書」などの管理会計が早くなされていなければ、早い段階でコストや利益の把握はできません。各現場の管理会計ができていなければ、会社の財務会計の予測も不確かなものになり、経営は成り立たないばかりか、社会的な信用も得られないのです。

財務会計と管理会計の比較

財務会計	管理会計
外部の利害関係者に示すもので、会計原則や法規に則って作成する	自社が管理しやすいように、自社のルールで作成する
工事の出来高、請求書などの過去の情報を集計する	注文書、納品書、工事日報などの現在の情報を活用する
客観的で正確であることが大切。「決算書」「支払い書類」に代表される	確かさよりも早さが重要。「実行予算書」「現場の月次決算書」に代表される

Q13 現場における財務会計の必要知識とは

「財務会計」は、法規などのルールにより分類方法などが決まっていて、会社ではその分類に従って書類を作成します。現場でも財務会計の分類方法（材料費、労務費、外注費、経費）を理解して、正確に分類しておく必要があります。

「財務会計」は、会社の経理部門が管理しています。毎月の入金管理、出金管理（支払い業務）、資金繰りなどを行っていますが、それ以外に毎年期末に決算を行い、税務署に税金を納めたり決算報告をしたりします。

経理では、財務会計の4つの分類、「材料費」「労務費」「外注費」「経費」が必要ですが、現場ではこれだけでは管理できません。そこで各会社では、「管理会計」として実行予算のルールを定め、工種別や工程別で分類したり、機械損料を別に集計したりしています。そのため、現場では両方の分類を知っておく必要があります。

財務会計の4つの要素

材料費	工事のために直接購入した素材、半製品、製品などの材料費のこと。仮設材料の損耗額なども含まれる
労務費	工事に従事した直接雇用の作業員に対する賃金、給与や手当など。請負工事の中で、大部分が労務費である場合には、労務費に含めて記載することができる
外注費	材料と労務が組み合わさった一般に材工と呼ばれる、業者が材料を持ち込んで、作業を提供する請負契約にもとづくもの
経費	材料費、労務費、外注費以外の費用のこと。具体的には動力用水、光熱費、機械等経費、労務管理費、租税公課、地代家賃、保険料、従業員給料、退職金、法定福利厚生費、事務用品費、通信交通費、交際費、補償費、雑費など

Q14 原価管理のPDCAサイクルとは

　原価管理のPDCAサイクルとは、原価目標を達成するために、実行予算の作成（計画）、実行予算枠での購買（実施）、実行予算の予算実績管理（評価）、計画と実績の差異に対する対処やコストノウハウの蓄積（対処）というサイクルを回すことです。

原価目標を達成するために、原価管理のPDCAを回さなければなりません。原価管理のPDCAの主な内容を見てみましょう。

原価管理のPDCAサイクル

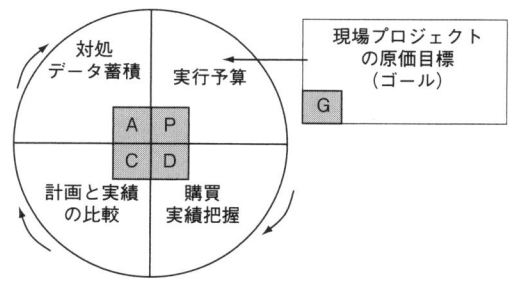

計画（P）

　総合仮設計画、施工計画、工程計画などを計画し、現場プロジェクトの個別条件を検討して実行予算を作成する。原価目標を目指して、創意工夫によりコストダウンのアイデアを計画に盛り込む

実施（D）

　実行予算書の枠組み内で、協力業者へ発注していく。実際にかかっている人工、材料数などの実績を把握しておく

評価（C）

　計画と実施の比較は、人工、材料数などの数えられるもので行う。材工や一式では、比較はできない

対処（A）

　計画どおり実施できていない場合は、その差異に対して対処が必要である。施工方法の変更、材料の検討など、現状への対処と計画の変更とがある。次回の計画のために歩掛りやＶＥ例、失敗例などの施工ノウハウの蓄積を行う

COLUMN

出面とは

　「出面を取る」とは、毎日の作業に何人の作業者が従事していたかを調べることで、作業の進み具合や遅れ、工事進捗の度合、生産性などを把握する大切な仕事です。これは、ＰＤＣＡのＤにある実績把握にあたります。

　協力会社の作業であれば、その会社の儲け具合を知る手掛かりにもなるのです。

> 今日は３人で作業しているのか。９人工の予定だから３人×３日ということだな。
> 本当に３日で作業終了するかチェックしてみよう。
> それには出面を取ることだ！

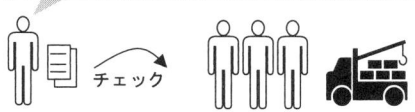

☞出面の語源は"day men"の当て字という説がある。

　戦後、佐久間ダムなどの建設にアメリカ人技術者が技術指導にやってきたとき、「きょうは何人働いているのか？」という英語の質問に、デイ・メンと呼ぶ発音をそのまま「出面」と書き、それが転じて「でづら」が浸透したというもの。もう１つの説は、働いている人の顔、すなわち面がどれだけ出ていたかを組み合わせて、「出ている面（顔）」＝出面と呼ぶようになったというもの。

Q15 会社のコスト競争力とは

会社のコスト競争力とは、標準単価（企業のコスト基準）を下げることです。コスト基準をもたなければ、コスト競争力がどれだけ高まったか判断できません。一部の現場で安く発注できても、会社全体として見たときに、同じものを同じ条件で高く発注している現場があれば、コスト競争力があるとはいえません。

ある項目について、A現場ではうまく交渉して低い単価で契約できても、B現場で高く契約していれば、会社全体で見たらコストアップになってしまい、会社としての原価管理ができているとはいえません。

各現場の単価が下がってくることで標準単価も下がってきたときに、会社としてコスト競争力が高まったということができます。各現場のコストダウンの努力が大切ですが、現場単体だけを考えるのではなく、会社全体としての最適化を図るのです。

そのためのキーとなる言葉は、情報の「共有化」「一元化」です。良い協力会社の情報、ＶＥ実績、施工ノウハウなどコストダウンにつながる情報を共有化、一元化することです。それによって、標準単価という企業のコスト基準を下げていくことが、コスト競争力の指標になります。

標準単価というコスト基準を下げる

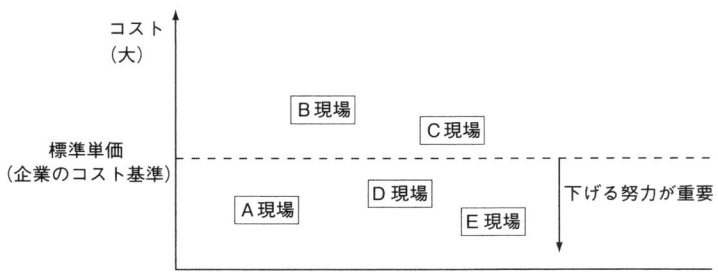

Q16 利益を優先した見積もりとは

　これまでの原価管理は「原価＋利益＝見積もり金額」でした。しかし、競争社会になった今では「**見積もり金額－目標利益＝目標原価**」という考え方にもとづき、受注可能な見積もり金額から逆算して目標原価を算定し、その原価で施工できるよう工夫していかなければ、現場は運営できません。

　これまでの原価管理では
原価 ＋ 利益 ＝ 見積もり金額
が基本でした。原価が先で、見積もりが後です。つまり必要な原価を積上げ、そこに会社として必要な利益をプラスして見積もり金額を決定するのです。しかし、このような方式では、現在の競争社会で工事を受注することはできません。
　そこで、
見積もり金額 － 目標利益 ＝ 目標原価
と考えなければなりません。つまり、見積もりが先で、原価が後です。
　受注可能な、もしくはお客様が支払い可能な金額から、経営者、管理者が設定した目標利益を差し引いて、目標原価を設定します。その目標原価を達成できるような実行予算を作成しなければなりません。
　原価が先という考え方を「プロダクトアウト」といいます。良いものをつくりさえすれば、当方の原価に利益を上乗せしても売れるという考え方です。それに対して、見積もりが先という考え方を「マーケットイン」といいます。マーケット（市場）、つまり、お客様が必要とするものを必要な価格でつくることが大切だという考え方です。いずれにしても、市場が受け入れない品質や価格では、お客様から見向きもされません。

COLUMN

利益が先か原価が先か

A社：請負金 － 工事利益 ＝ 工事原価
B社：請負金 － 工事原価 ＝ 工事利益

この２つの式の意味するところはどこにあるのでしょうか。

●A社：請負金 － 工事利益 ＝ 工事原価　の考え方
　建設業界はどこも合理化、経費節減、コストダウンの嵐が吹き荒れています。安値受注しても必死で利益を確保するため、必要な利益を請負金から前もって差し引いたのです。なぜなら、利益に結びつく仕事が少なくなり、このままでは会社存亡の危機だからです。
　しかしながら、現場担当者の声の多くは「枠が決まっているから、枠内で予算を消化すれば良い」と考えてしまうこともあります。あるいは「どうせ赤字は出るだろう。安値受注した会社の責任だから、しょうがない。工事原価をオーバーしても理由があれば許されるから」と開き直るかも知れません。
　工事原価のデータ蓄積は、一定の経営者によってなされる場合が多いため、その活用も一定の者のみに限られてしまうでしょう。これでは、現場担当者の原価意識は低くなるばかりです。
　一方、必死の現場担当者は、出ていく金を指定予算枠に入れようと努力（苦労といったほうが適切かもしれません）するあまり、協力会社に指値を押し付けるかもしれません。これでは、その工事の真の原価がどこにあったのか、分からないままその工事が終了してしまうことになります。

●B社：請負金 － 工事原価 ＝ 工事利益　の考え方
　請負金とは、その工事に関して入ってくる金であり、原価とは、その工事に関して出ていく金です。この両者の差が現場で生み出す利益（工事粗利益）なのです。そこで、工事着手前に出ていく金を計画し、予算化します。いわゆる実行予算の作成です。
　ここで大切なことは、実行予算の精度です。どんぶり勘定で算出した予定工事原価では、利益は工事進捗とともに変動し、工事終了時には思いもかけない結果になってしまいます。これでは経営は成り立ちません。

　A社とB社の考え方のどちらが好ましいかは、企業の能力次第です。

Q17 見積もり単価はどう設定するのか

　一般に、見積もり原価に利益を加えたものが見積もり単価になります。見積もり原価に一律に利益率をかけるのではなく、見積もり項目によって掛け率を変えて見積もり単価を設定し管理しています。

　見積もり段階では、ある程度の正確さで、いくらで施工が可能か見積もり原価を算出します。見積もり原価がなければ、やってみなければ分からない状況になってしまいます。見積もり原価は、実行予算に近いものになります。

　競争の厳しい建設業界では、顧客の予算に合わせたり、競合他社の見積もりに勝つために目標見積もり原価を設定するなど、見積もり原価をぎりぎりのところまで検討し、コスト競争力のある見積もりに仕上げることが必要になります。

　見積もり書は見積もり原価に粗利益(あらりえき)を加えて作成します。見積もり原価の項目ごとの単価に一定の掛け率をかけて見積もり単価として設定します。顧客に提出する見積もり書では、原価がどのくらいか、自社の粗利益がどのくらいあるのかは、もちろん見せません。粗利益を見せれば、顧客(発注者)から値引きの対象にされてしまうおそれがあるからです。

　見積もり金額の算出は、次のようになります。

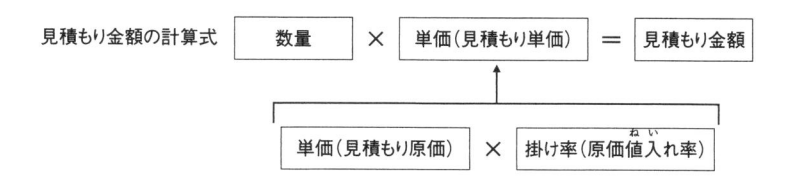

見積もり金額の計算式　　数量 × 単価(見積もり単価) ＝ 見積もり金額

単価(見積もり原価) × 掛け率(原価値入れ率)

Q18 見積もり単価を設定するための値入れ率とは

　見積もり原価に掛け率をかけて見積もり単価を設定します。その掛け率を値入れ率といいます。確保したい粗利益額から逆算し、シミュレーションにより値入れ率を調整することもあります。粗利率と値入れ率との関係を理解しておいてください。

　ある工事の見積もり原価があり、粗利を20％確保しようとしたとき、原価に1.2倍をかけて見積もり金額としたのでは、目標どおりの粗利益は確保できません。例えば、1,000万円の原価で粗利益を20％確保しようとしたとき、1.2倍して1,200万円を見積もり金額としたのでは、粗利益は16.7％となり20％は確保できません。

　1.25倍して1250万円を見積もり金額としたときに、粗利益20％が確保できます。20％（0.2）の粗利益率に対して、原価にかける利率を値入れ率といい、1.25となります。粗利益率と値入れ率の関係は、次のような式になります。

値入れ率 ＝ 1／（1 － 粗利益率）

　粗利益率と値入れ率を対応表にすると、次のようになります。

粗利率と値入率の換算表

値入れ率	1.111	1.176	1.250	1.333	1.429	1.538	1.667	1.818	2.000
粗利益率	10％	15％	20％	25％	30％	35％	40％	45％	50％

　見積もり単価を設定する場合には、原価に値入れ率を一律にかけることはしません。例えば、設備機器は値入れ率を高くし、取付工事費は値入れ率を低くして設定するといった操作をして、発注者の納得が得られるように、強弱をつけて見積もり単価とします。

Q19 見積もり交渉の駆け引きで知っておくべきことは

　営業が見積もり交渉を行う場合に、どこまでは値引きしていいのか、これ以上値引きをするのならば断ったほうがいいのか、ボーダーラインをつかんでいることが必要です。これを知らなければ、赤字で受注してしまうこともあります。

　営業が最初に提出した見積もり金額は、顧客との交渉のベースになります。顧客に提示した金額があまりに高すぎると、顧客の検討の土俵に上がれません。自社が提示した金額と顧客が希望する金額の間で値交渉になるのが一般的です。

　顧客の厳しい値引きの要望に対して、仕事量が少なくなって社員を遊ばせているよりいいだろう、と受注することもあるでしょう。施工段階で何とかなると考えても、結果として何ともならずに、赤字になってしまうこともあります。

　どこで退却するのか、見積もりの最低ラインをつかんでいなければなりません。値引きができる範囲は、厳しさに応じていくつかの段階があります。このように見積もり原価と粗利益が把握されていれば、顧客の要望に流されずに駆け引きができます。

見積もり金額の値引きのリミットを把握する

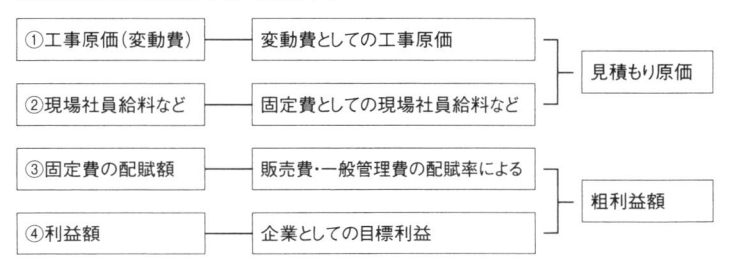

①工事原価（変動費）	変動費としての工事原価	見積もり原価
②現場社員給料など	固定費としての現場社員給料など	
③固定費の配賦額	販売費・一般管理費の配賦率による	粗利益額
④利益額	企業としての目標利益	

37ページの①+②+③+④は、目標利益を確保した見積もり金額で、これが本来の姿です。①+②+③は、企業の損益分岐点としての原価で、利益はないが会社の固定費は払えます。①+②は、現場社員給料などを含めた工事原価で、社員給与だけは支払えるので、社員が遊んでいるよりはいいという判断もあります。①は、現場社員給料などを除いた変動費だけの工事原価なので、入ったお金は外部へ支払ってしまうため、将来的なメリットがなければ、受注する意味がありません。

COLUMN

交渉カードをそろえる

　顧客にとって価格は重要ですが、顧客は価格だけで施工会社を決めるわけではありません。価格以外のカードも、顧客が価値を認めれば価格と並ぶ判断材料になります。公共工事の総合評価方式で、技術力を価格に置き換えて考えているのと同様です。

　価格以外のカードには、例えば工期があります。顧客が事業のために建設する場合には、早く竣工し事業が運用開始できれば、それだけ早く売上げをあげることができます。

　借入金で事業を行う分譲マンションでは、購入者に早く引き渡せれば、それだけ顧客からの入金も早くなり、メリットがあります。スーパーや分譲マンションの工期が厳しいのは、コストと並んで工期も重要な顧客価値だからです。

　ディーラーや店舗の開店業務の支援をする会社があります。利便性を提供することによって、顧客の手間や顧客が使う時間が削減されるメリットがあります。

　K社では、自動車のディーラーの特命工事を請けています。ディーラーも価格に厳しくなり、相見積もりをすることが基本ですが、K社だけは例外扱いです。その理由は、工費が数万円といった細かい店舗の修繕を引き受けているほか、改装や新規店舗の場合には、開店支援をしているからです。DMの発送からトイレの備品整備まですべて引き受けています。開店のための集客活動もその一環として行っています。

　N社はフランチャイズ展開している店舗の工事を一手に請負っている会社です。同じ仕様の店舗を繰り返し工事することで、顧客仕様に精通しています。そして、開店支援として、電気、電話、広告、パンフレット、備品類などの手配を行っています。

　開店支援は施工管理とは異なるサービスです。それが、顧客にメリットを提供し、顧客とのウィン・ウィンの関係をつくっています。そのようなことができる建設会社は、特命で工事を請けることができるのです。

Q20 概算見積もりで受注していいか

　営業が利益に対して責任がなければ、売上げをあげるために赤字で受注してきてしまいます。営業は見積もり原価と粗利益(あらりえき)をしっかり把握し、より高い粗利益額で受注する役割があります。したがって、**概算見積もりで受注してはいけません。コスト以外で顧客満足度を上げたり、競合他社と差別化した特徴を出したりして、粗利益額の確保に努めなければなりません。**

　もし営業が見積もりをおおまかな概算で行い、請負契約をしたら、契約後に工事部門が実行予算を作成してみて、はじめて粗利益額が分かることになります。粗利益が多く出ればいいのですが、赤字であれば何のために工事を受注したのか分からなくなります。赤字工事が続き、資金繰りが悪くなって倒産した会社もあります。

　コスト削減は主に工事部門の役割です。営業の役割は、粗利益率の高い工事を獲得するために、戦略的に活動することです。顧客が価値をおいているのは、コストだけではありません。顧客が運営している事業へのアドバイス、不動産の紹介、顧客との関係性の構築など、顧客へ付加価値を提供し、値交渉を有利に運ぶことが重要です。

見積もり段階での各部門の役割

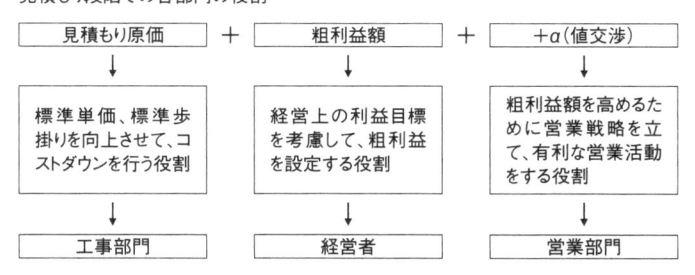

見積もり原価	＋	粗利益額	＋	＋α（値交渉）
標準単価、標準歩掛りを向上させて、コストダウンを行う役割		経営上の利益目標を考慮して、粗利益を設定する役割		粗利益額を高めるために営業戦略を立て、有利な営業活動をする役割
↓		↓		↓
工事部門		経営者		営業部門

Q21 標準歩掛りとは

「標準歩掛り」とは、ある施工条件における工種、あるいは作業工程などの自社の生産性目標のことです。1人の作業者が1日にできる施工量、1台の機械が1日にできる施工量などが標準歩掛りの管理数値になります。

歩掛りは、延べ人工を施工量で割って0.5人／㎡のように表します。また、施工量を延べ人工で割って1人の1日当たりの施工量として、2㎡／人のように労働生産性を表します。広い意味では、これも歩掛りといっています。1000㎡は何人で何日間かかるかといった施工計画では、労働生産性のほうが計算しやすく、頭の中でイメージしやすいようです。

歩掛り算式の例
歩掛り= 延べ人工 ／ 施工量
労働生産性 = 施工量 ／ 延べ人工

現場では歩掛りを工程計画、原価管理に活用していますが、会社としてコストダウンを行うためには、会社として歩掛りを管理し、標準歩掛りを定めて生産性目標の指標として活用します。

材料費のコストダウンは集中購買などで行いますが、労務費のコストダウンは標準歩掛りの向上で行います。

コストダウンの2つの視点

数量	×	単価	=	金額
↑		↑		
数量の低減		単価の低減	→	金額の低減
↑		↑		
標準歩掛りの管理		標準単価の管理		

Q22 標準歩掛りをどうコストダウンに活かす か

「標準歩掛り」を設定することは、生産性目標を設定することでもあります。協力会社と協働して標準歩掛りよりも高い生産性を目指します。自社と協力会社とは ウィン・ウィン の関係を築き、厳しい建設業界を共に勝ち残ることが必要です。

標準歩掛りが向上すれば、標準単価も下がり、コスト競争力がついてきます。

材料費に競合他社と大きな差がなければ、生産性に関連する労務費がコスト競争力の差になります。標準歩掛りは施工技術や施工管理力と関係し、競合他社が簡単に真似できるものではありません。

標準歩掛りを低減する活動とは、協力会社と共に協働して、アイデアを出し、施工の中で検証し、施工ノウハウとして蓄積していくことです。標準歩掛りを向上させ、コストダウンをしていく流れは、次のようになります。このようなサイクルを現場で回し、企業として一元管理していくことで、標準歩掛りを向上させていくことができます。

標準歩掛りを低減しコスト競争力をつける

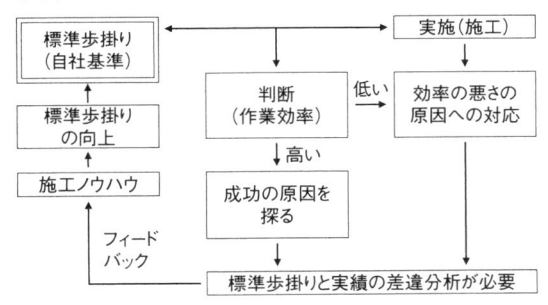

```
標準歩掛り ←→ 実施(施工)
(自社基準)      ↓
  ↑         判断      低い   効率の悪さの
標準歩掛り  (作業効率) →    原因への対応
 の向上        ↓ 高い
  ↑         成功の原因を
施工ノウハウ    探る
  ↑ フィード    ↓
    バック   標準歩掛りと実績の差違分析が必要
```

Q23 標準単価の役割は

「標準単価」は、企業内のコストを共有化して一元管理することで、会社のコスト競争力をつけるためにあります。建設業界が厳しくなり、全社一丸となって単価削減に向かう仕組みの一環として、標準単価を活用します。

標準単価は自社の原価の基準であり、「企業がある施工条件において、この単価で発注すると宣言する単価」です。さまざまな施工条件で異なる発注単価を平均しても意味がなく、標準単価にはなりません。ある施工条件を設定し、その場合に自社が発注すべき単価（発注を目指す単価）を標準単価として定めます。

標準単価は、企業内の「見積もり単価（見積もり原価）」「実行予算単価」「発注単価」の3つの原価を連動させ、自社の原価の基準をつくることです。標準単価の位置づけは、次のようになります。

標準単価を基準とした3つの原価のサイクル

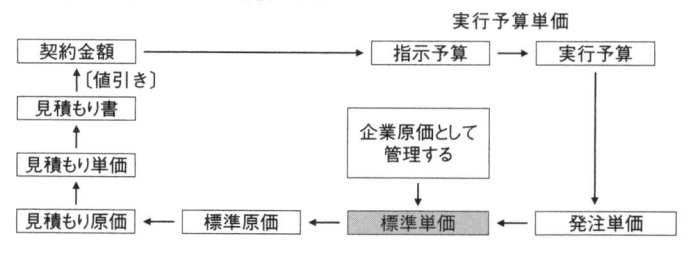

```
                                    実行予算単価
  契約金額  ────────→ 指示予算 ──→ 実行予算
    ↑〔値引き〕
  見積もり書                 ┌──────────┐
    ↑                       │企業原価として│
  見積もり単価               │管理する    │
    ↑                       └──────────┘        ↓
  見積もり原価 ← 標準原価 ← 標準単価 ← 発注単価
```

標準単価を使って標準原価を作成し、見積もり原価のベースとします。実行予算段階、発注段階でコストダウンを図り、最終的な発注単価の傾向を標準単価へフィードバックして、維持管理を行います。

Q24 標準単価の維持管理方法は

「標準単価」は、維持管理（メンテナンス）しなければ使えないものになり、誰も使わなくなります。そうならないように、**維持管理できる範囲で標準単価を定め、管理することが重要です。考え方は、重要な単価に絞り込んで管理することです。**

標準単価は、維持管理のルールをつくって、随時見直しと定期的見直しを行います。少しでもほこりをかぶっていたら、過去の単価になって使われなくなるので、常に最新の情報に維持し続けることです。

標準単価が維持管理できない理由でよく見られるのは、標準単価の範囲が広すぎて、見直しに時間がかかるために対応できないケースです。

標準単価の範囲を決めるときに、ＡＢＣ分析の考え方が役立ちます。ＡＢＣ分析とは、例えば「コストへの影響が大きなもの」「活用の頻度の高いもの」は重点管理し、「コストへの影響が小さなもの」「活用の頻度の低いもの」はほどほどの管理とするように、対象を分類して管理の程度を変えることです。「コストへの影響が小さなもの」「めったに活用しないもの」に労力をかけて管理しても、費用対効果が出ません。

コストＡＢＣ分析の例

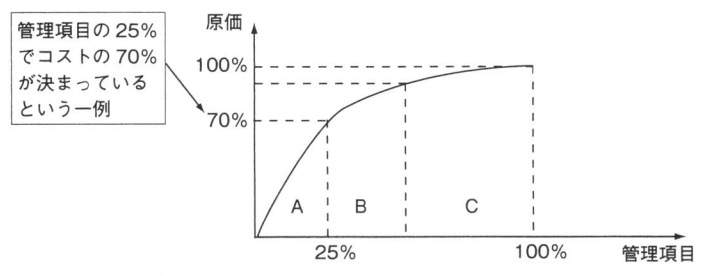

管理項目の25%でコストの70%が決まっているという一例

※Ａを標準単価として重点管理、Ｃは標準単価としない

Q25 積算ルールとは

　同じ設計図書から拾い出しをしても、積算の方法が異なれば、当然、積算数量も異なってきます。顧客（発注者）が適正に比較をすることができなくなるので、積算のばらつきがないように、積算ルールが定められています。

　積算は設計図書から数量を拾い出すことをいいますが、単価の値入れを含めて積算ということもあります。会社によってさまざまな積算方法をとれば、数量の差がコストの差になってしまいます。例えば、1％コストが高くても、1％数量が少なく拾い出されていれば、ほぼ同じ金額になってしまいます。

　拾い出しのばらつきがないように、積算ルールが定められていますが、そのルールが1つに統一されているわけではありません。45ページのCOLUMNに、公共工事の「数量積算基準」を参考にした積算ルールの例を示しますので、積算ルールとはどのようなものかを理解してください。

　設計図書の優先順位は、次のようになります。

現場説明書 → 特記仕様書 → 設計図 → 標準詳細図 → 共通仕様書

建築工事の数量計算では、次のようになります。

- 単位は基本的に、m、㎡、㎥、tを使う
- 計測の単位はmとし、小数点以下第3位を四捨五入する
- 計測の規定の適用外として、①コンクリートの断面は、小数点以下第4位を四捨五入する　②木工事の木材の断面は、小数点以下第4位を

四捨五入とし、木材の体積は、小数点以下第5位を四捨五入する

躯体の拾い出し順序は、次のようになります。

①基礎 → ②基礎梁 → ③底盤 → ④柱 → ⑤大梁、小梁 → ⑥床版 → ⑦壁 → ⑧階段 → ⑨その他(庇、パラペットなど)

COLUMN

鉄筋工事の積算ルール

　鉄筋工事で積算ルールを具体例として見てみましょう。
　鉄筋工事は、積算方法によって積算数量が大きく変わってしまいます。鉄筋材料のロス率の見方、フックの拾い出し方、割付本数の拾い出し方、開口部の扱いなど、積算ルールが定められています。
　公共工事の「数量積算基準」による建築工事の鉄筋の積算方法の一部を示すと、次のようになります。

① 鉄筋の材料ロス率は、4％程度を見込む
② 柱、梁、床版、基礎ベースなどの先端で止まる鉄筋の長さは、その部分のコンクリートの設計寸法に必要なフックを加えた長さとする。斜め筋もそれに準ずる。ただし、径13mm以下の鉄筋についてのフックは考慮しない。かぶり厚さを引かない
③ フープ、スターラップの鉄筋長さは、それぞれの柱または梁のコンクリートの設計寸法による断面周長を鉄筋長さとし、フックは考慮しない。幅止筋の長さは梁または壁のコンクリートの設計幅か厚さとし、フックは考慮しない
④ 鉄筋の割付本数は、コンクリート部分の長さを鉄筋の間隔で割り、小数点以下第1位を切り上げた整数に1を加えたもの
　（例）梁長6.5m　スターラップ@15cm
　　6.5m ÷ 0.15 ＝ 43.33　→　44 ＋ 1 ＝ 45本……スターラップの本数
⑤ 窓、出入り口などの開口部は、建具の内法寸法による面積寸法を使う。ただし、1カ所当たりの面積が0.5㎡以下の場合は差し引かない

Q26 実行予算が「現場の家計簿」と呼ばれる理由は

家計簿は給料の総額に対して、使い方を決めて使った実績を集計しながら管理するものです。実行予算も同じように、現場の原価の使い方を決めて原価を分類し、その枠内で発注を管理することで実行予算内に収めるようにします。

もし月給をもらって何も管理しなければ、最初のうちは思うままに飲んだり食ったり、欲しいものを買ったりして、月の半ばを過ぎれば、もうお金は底をついてしまうかもしれません。

そこで、給料をもらったら使い道別に分類します。賃貸のアパートを借りていれば家賃代、ローンがあればローンの支払い、電気・水道などの水道光熱費、食費、娯楽費、衣料費などと、使う対象で給料を分類します。そして、分類したとおりにお金を使っていきます。「家計簿」は、今月は思ったよりも食費がかかっているとか、衣料費がすでにオーバーしているとか、実績を把握し、日々の支出をコントロールするためにあります。衣料費がオーバーしているのであれば、食費や娯楽費を減らすといったやりくりをしなければ赤字になってしまいます。

実行予算は「現場の家計簿」であり、家計簿と同じ役割を持っています。まず、原価目標に対して、発注する分類で原価を仕分けます。現場

「現場の家計簿」としての実行予算書

●使い道で分ける	●分類の中で収めるように管理する
原価目標＝実行予算であり、原価総額を発注する分類に分けて管理する。例えば、仮設費、型枠工事、鉄筋工事などに分類して原価の枠組みをつくる	分類した原価の枠組みに収めるように管理する。そのためには、日々の実績を把握して今後かかる原価を予測し、原価の枠組みに収まるように対処することが必要になる

でかかるすべての原価の合計が、原価目標と一致するまで検討します。実行予算が確定したら、それを枠組みとして発注していきます。ここで、家計簿と同じように実績を把握し、予算内に収めるように対処しながら原価管理を行います。実行予算書は原価管理のツールなのです。

COLUMN

実行予算の目標設定について

　各現場の実行予算の目標は、会社の利益目標額を達成するために設定します。会社の利益管理は、各現場の結果集計ではありません。会社の期の利益目標があり、そこから各現場に利益目標として割り振るのです。

　利益目標は、見積もり原価、現場条件などを加味して設定します。当然、現場ごとに請負契約の条件が異なるので、一律の粗利益率にはなりません。適正な利益目標を設定するためには、標準単価の整備や実行予算検討会などの組織的な取り組みが必要になります。

　利益目標は、現場では原価目標（実行予算）に置き換えられます。目標とする原価をオーバーすれば利益が減少し、原価を削減できれば利益は拡大します。現場では、原価管理は原価目標（実行予算）を達成するために行います。

　建設会社によっては、実行予算からさらに3〜10％残すことを、現場プロジェクトの原価管理の目標にしている企業があります。ぎりぎりの実行予算を作成すれば、実行予算が原価目標となります。

　ある建設会社では実行予算をオーバーすると、理由を問わず厳しい対応がとられるということです。実際に現場代理人に聞いたところでは、絶対に安全な実行予算を作成し、予算をオーバーすることがないよう、初めの段階で予算を獲得することに全力を注いでいるとのことです。

　実行予算がぎりぎりであれば、想定外の事態が起き、予算外の出費が発生した場合、当初の実行予算から赤字になってしまいます。

　原価管理上のリスクがあるので、その原価リスクを会社としてどう扱うかということです。例えば、原価リスクを5％見たとき、それを部門に置いておくのか、現場の実行予算に含めるのか（隠すのか）という問題があります。実行予算にリスクを隠すと、障害が生じなかったとき、原価管理の手綱を緩めて利益を使ってしまうという問題が起きます。

　ある建設会社では、リスクについて、実行予算に予備費という項目をつくりましたが、現場が終わるときには、どの現場でも使い切ってしまったということです。リスク管理の観点からは、原価リスクの予備費は部門に置いて、問題が生じた場合には、申請によりそれを使う仕組みがいいのかもしれません。

27 現場のコスト意識とは

　現場のコスト意識とは、例えば、まず自分の財布の中のお金を確かめて、それを買っていいかどうか考えることです。そして、それを買う場合、価格として妥当であるか、他の店と比較して安い買物になっているかを考えることです。

　ものを買うときに、予算という枠組みがなければ、思いつくままに好きなものを好きなだけ買ってしまうでしょう。それが高いか安いかさえ、あまり気にしないでしょう。予算という枠組みがあるから、コスト意識を強く持つのです。

　実行予算は、コストの判断基準として使われます。原価の枠組みがなければ、協力会社が100万円の見積もり書を出してきたときに、おおよそ適正であればOKにしてしまうでしょう。しかし、実行予算が90万円しかなかったら、100万円ではオーバーしているので、交渉して90万

実行予算書は原価管理の「ものさし」

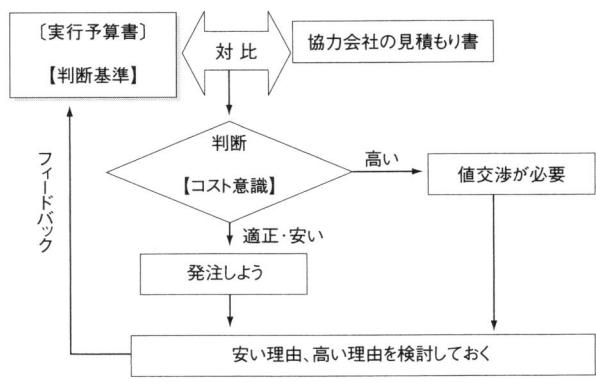

〔実行予算書〕【判断基準】 ⇔対比⇔ 協力会社の見積もり書
↓
判断【コスト意識】
　→高い→ 値交渉が必要
　↓適正・安い
発注しよう
↓
安い理由、高い理由を検討しておく
↑フィードバック

円に収めるように働きかけが必要だと考えます。どこが予算オーバーしているのかを分析してコストダウンを検討します。施工計画を練り直すかもしれません。

協力会社が80万円の見積もり書を出してきたときには、どこが安くなっているのか検証し、今後に役立たせることができます。このように、実行予算はコストの判断基準として、原価管理の「ものさし」として活用するのです。

> **COLUMN**
>
> ### コスト意識を持つためには
>
> 予算を持つことでコスト意識が発揮されます。例えば、旅行に行くとしても、財布の中身が分からなければ、財布が空になるまで、先を考えずに使ってしまうでしょう。
>
> また、適正な値段を知っていること、あるいは適正な値段を知ろうとすることが大事です。例えば、靴を買うとき、このブランドでこの程度のものならば、このくらいの値段だろうと判断します。値段に対する高い、安いという感覚がコスト意識です。
>
> さらに、会社の利益構造を理解することです。粗利益から固定費などを差し引いたものが会社の利益になります。建設会社の1人当たりの経常利益額（14ページ参照）は50～200万円程度です。これは、建設現場ではちょっとしたミスやロスで失ってしまう金額です。
>
> 業績が良いことで有名な米国のサウスウエスト航空では、年間1億ドル以上の利益を出します。膨大な利益に見えますが、総フライト数で割ると1フライト当たりの利益は287ドルです。これを平均運賃で割ると、乗客数5人分に相当します。つまり、1フライト当たりの利益は、5人分の乗客で成り立っています。1フライト当たりの損益分岐点は乗客数74.5人で、平均で考えれば75人目から利益を出すことができます。
>
> サウスウエスト航空では社員に社内報などで、このような情報を提供しています。利益総額で見れば実感がわきませんが、1フライトごとの見える数字で、乗客1人の大切さを学び、顧客満足の大切さを理解しています。
>
> 建設業でも粗利益で見れば儲かっているように見えますが、会社に残る利益で見ると、どの建設会社も非常に厳しい状況です。それを理解しないと、危機意識もコスト意識も生まれません。

Q28 実行予算の役割は

　原価管理で「実行予算」の役割は、大きく2つあります。1つは原価の「計画」で、着工から建物を完成させるまでにかかる原価を計画します。もう1つは原価計画の「予算実績管理（統制）」です。立てた計画を活用して、予算実績管理をしながら、原価が膨らまないように統制します。

　原価管理のPDCA（30ページ参照）を回すために、実行予算を作成します。実行予算が赤字になる原因は、次のうちのどれかです。

- 実行予算の計画に不備や問題点があった
- 実行予算を作成したが、計画どおりに運用できなかった
- 実行予算の予算実績管理がきちんと行われていなかった
- 実行予算の差異に対処できていなかった
- そして、追加・変更工事に対してお金をもらえなかった

　実行予算の2つの役割である「原価計画」と「予算実績管理（統制）」が行われていなければ、原価はコントロールから外れてしまうのです。

実行予算の2つの役割

```
第1の機能         実行予算書(Plan) ──→ 実績数値(Do)
原価計画      ↗                  
                    計画と実施の比較
                         ↓
第2の機能    ──→ 予実管理（統制） ──差異なし──→ 継続管理
予算実績管理        (Check)
                         ↓ 差異あり
        ┄フィードバック  対処(Action)  フィードバック┄
```

Q29 予算実績管理の工夫は

予算実績管理は、数えられる数値で「計画」を示し、「実績」と比較できるように行います。例えば、工程表に目標人工（にんく）を入れて、累計と比較した管理表を作成します。ポイントは、計画どおりに進んでいるかどうか、「計画」と「実績」の差異を早く知ることができることです。

予算実績管理では、資材の手配と人工管理が重要です。下表は、人工を重点的に管理するための工程表と一体となった予算実績管理表の例です。

工程表と人工表が一体化した予算実績管理表の例

	工事名									
工程表	作業名　月日	1	2	3	4	5		30	31	
	掘削									
人工表	協力会社名	予定数量								合計

ある建設会社の現場を訪問したとき、現場責任者の工夫に感心した例があります。小規模な建築工事の場合、清掃作業員と残材運搬トラックの数量がオーバーしやすいので、予算総数を人と車の絵で表していました。これを現場事務所に貼って、使ったものを塗りつぶすことでコスト管理をしていました。

設計数量と所要数量の違いは

「設計数量」は設計図から拾い出した数量です。「所要数量」は現場で実際に調達したり、施工に使ったりする数量です。「設計数量」と「所要数量」の違いを理解し、実行予算では現場の施工上のロスや誤差を考慮して、数量を設定しなければなりません。

設計数量は、設計図から拾い出した数量です。面積であれば、縦×横の寸法から算出します。体積であれば、縦×横×高さで算出します。見積もり書では、設計数量を使っています。

例えば、設計図で2.8㎡の資材を使うことになっていれば、設計数量は2.8㎡ですが、施工では資材を加工して端材が出るかもしれませんし、また、欠けなどの損傷が出て使えない資材が出るかもしれません。所要数量は、このような施工上のロス分を見込みます。

また、調達するときに1㎡単位のパッケージであれば、2.8㎡といった注文はできず、3.0㎡の注文になります。

設計数量と所要数量の違い

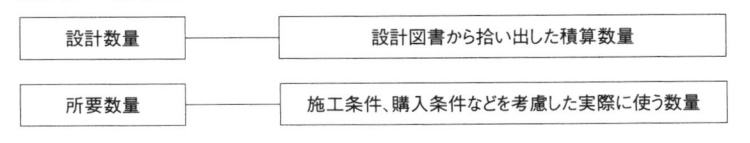

設計数量	設計図書から拾い出した積算数量
所要数量	施工条件、購入条件などを考慮した実際に使う数量

生コンの設計数量が24.72㎥であった場合、施工によるロスが3%見込まれていれば、24.72㎥×1.03＝25.46㎥になります。生コンの発注単位は0.5㎥単位なので、所要数量は25.5㎥になります。所要数量により精度の高い実行予算が作成できます。

Q31 材料のロス率の設定方法は

　建設会社によっては、実行予算の標準的なロス率を定めています。ロス率は施工条件によって変わるので、**ロス率の実績をデータとして残し、経験値として使えるようにしておく**ことも重要です。

ロス率は少ないほど、コストダウンにつながります。端材(はざい)が出ないように定尺(ていじゃく)でうまく割り付けたり、施工精度を上げたりしてロス率を改善します。ロス率のデータをとって管理し、そのデータを実行予算や施工管理に反映します。

現場造成杭工事を例に上げて説明すると、杭孔の掘削精度などによってコンクリートのロス率が変わってきます。杭孔の一部が崩落すれば、そこでコンクリートはロスします。

現場造成杭工事では下図のような管理表を使い、ロス率のデータをとります。最初に施工した杭のデータを、すぐに次の杭の生コンの算定に使っていきます。現場条件を反映した実績データをすぐに活用することで、後で打設する杭では残コンの無駄が少なくなり、コストダウンが図れます。

杭の生コン打設実績表の例

杭番号	計画				実績						
	杭径	予定施工日	実測長	計算コン	施工日	施工順序	注文コン	実績コン	残コン	ロス率	状況説明
No.1											
No.2											

Q32 実行予算における数量の検証の必要性は

　実行予算の数量が正確でなければ、原価も正確ではなくなります。1 ㎡の単価が1,000円のもので100㎡違っていれば、10万円の違いになります。このような個所が数十カ所あれば、数百万円の違いになってしまいます。

　見積もり段階の積算数量は、非常に短い期間に拾い出すので必ずしも正確ではなく、実際に使う数量に比べて多いものと少ないものが出てきます。コストを1％削減しても、数量が1％多くなっていれば原価はほぼ同じになり、目に見えない利益の損失になってしまいます。

　現場の条件の理解、施工計画の検討などで、数量が変わることもあります。工程計画で回数が増えたり、期間が変わったりして、数量や日数が変わり、金額が変わることもあります。

　数量の再調査には、次のような方法があります。費用対効果を考えて、適切な方法で数量の正しさを検証したいものです。

- 現場で数量を設計図や施工図などから再度拾い出す
- 協力会社に図面を渡して拾い出させ、積算数量と比較する
- 複数の協力会社に条件を同じにして見積もりを出させ、比較する
- 積算数量から一定の数量を差し引いて発注し、実績精算とする　など

数量の検証をする

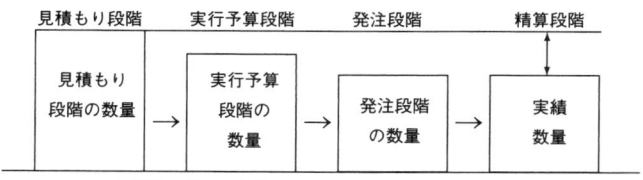

見積もり段階	実行予算段階	発注段階	精算段階
見積もり段階の数量	→ 実行予算段階の数量	→ 発注段階の数量	→ 実績数量

各段階に応じて数量を把握し、損失利益を防ぐ

Q33 実行予算と施工計画の関係は

　実行予算書には、人数、台数、日数など毎日の現場の作業の様子がよく分かるように記載しなければなりません。そのためには、施工の手順、日程、使用工具などの金額を知り、まるで施工計画書を書くように、実行予算書を作成することが重要です。

実行予算書AとBを見比べてください。これらは同じ工事に関する実行予算書です。

実行予算書A

工種	内容	数量	単位	単価	金額
掘削工	床掘　H=2m	200	㎥		
トラクタショベル	0.7㎥クラス	1	台日	10,000円	10,000円
トラクタショベル	回送費	1	往復	30,000円	30,000円
運転手		1	人	15,000円	15,000円
普通作業員		2	人	12,000円	24,000円
合計					79,000円

実行予算書B

工種	内容	数量	単位	単価	金額
掘削工	床掘　H=2m	200	㎥	395円	79,000円

　実行予算書Aの場合には、これだけで作業員とトラクタショベルの手配ができます。さらに、工事が終わった後に、予定どおりに仕事ができたかどうか評価することもできます。
　しかし、実行予算書Bでは、現場でどのような作業を行う予定なのか理解することができません。ましてや工事終了後に、予定どおり仕事ができたかどうか評価することなど到底できません。実行予算書Bで仕事

をしている現場技術者は「行き当たりばったり」、そして「やりっぱなし」の仕事をしているといえます。

「実行予算書は、施工計画書だ」と心得て、現場の姿がありありと浮かぶような予算書を作成しましょう。このような実行予算書を作成することで、予算書の作成者だけでなく、現場担当者や協力会社も原価低減提案を出すことができます。

たとえ協力会社に見積もり依頼して外注する場合でも、まずは自社で一位代価表（単価を入れた予算書）を作成し、施工方法や作業構成を検討します。その上で協力会社に発注することが、コストダウンのために不可欠です。

COLUMN
作業手順書はなぜ必要か

「マズローの欲求5段階説」という理論があります。人の欲求は段階を経て高まっていくというものです。この理論になぞらえて、「働くこと」の意味を考えてみましょう。第1段階では、生存安楽の欲求「単に働きたい」という欲求があるとします。これが、第2段階になると、安全秩序の欲求「安全、安心、安定して働きたい」と高まります。第3段階になると集団帰属の欲求「みんなと仲良く働きたい」となり、第4段階では、自我地位の欲求「人から認められて働きたい」となります。最後の第5段階では、自己実現の欲求「成長を実感しながら働きたい」となります。

このうち、第1段階では、とにかくどんな状況であっても働きたいという欲求だったのが、第2段階では、安全に、安心して、安定して働きたいという欲求に高まります。安全、安心、安定した職場というのは職場のルールが定まっており、秩序だって働いている職場をいいます。つまり、作業手順書が定まっており、安心して働ける職場を人は求めるのです。ここに、現場に作業手順書が必要な理由があります。

何事も理由があることを理解して、仕事をしたいものです。

Q34 原価予測を改善につなげる方法は

　工事の途中で最終原価予測をすることで、原価の改善につなげることができます。大切なことは「あといくら」かかるかを事前に予測することです。「あといくら」を正確に把握できれば、多くの改善策が集められます。

　毎月工事原価を集計、分析した後は、課題を明確にして、具体的な改善策を検討しなければなりません。原価課題が明確になれば、対策は比較的容易に見つかるものです。
　原価の進捗管理を実施するために「実行予算出来高」「支払い金額」「残工事費」を算出することにより、「収支予定調書」を毎月作成しなければなりません。次に「収支予定調書」を示します。

収支予定調書の例

工種	実行予算 単価	実行予算 数量	実行予算 金額	実行予算出来高 数量	実行予算出来高 金額	支払い金額	残工事費	累計工事費
型枠	2,000円	30㎡	60,000円	20㎡	40,000円	20,000円	40,000円	60,000円
鉄筋	130,000円	10t	1,300,000円	5t	650,000円	950,000円	350,000円	1,300,000円
コンクリート	10,000円	100m³	1,000,000円	60㎡	600,000円	612,000円	408,000円	1,020,000円
経費	100,000円	4カ月	400,000円	3カ月	300,000円	300,000円	200,000円	500,000円
			2,760,000円		1,590,000円	1,882,000円	998,000円	2,880,000円

　ここで型枠、鉄筋は順調に進んでいますが、コンクリートは材料を予算よりも余分に使用しており、また、工事が遅延しているために、経費が1カ月余分にかかる見込みであることが分かります。

　このような状況を予測することで、会議などで改善策を協議し、問題を回避することが大切です。この事例では、コンクリートが余分に使用されている原因を分析し、床掘や型枠の精度をより正確にしたり、協力

第3章 実行予算作成と原価管理　057

会社の職人を集めて、とにかく工程を守る方法を立案するなどの改善策を考えます。

　失敗を2度と繰り返さないためにも、原因を把握して再発防止策を考えることは重要です。それ以上に大切なことは、現在施工中の案件について、良い結果で竣工できるように、事前に対策を立てて予防処置を議論し、実行することです。今後発生することが予測される原価課題をあらかじめ明確にして対策を実行することにより、成果が上がりやすくなるとともに、何より議論が建設的になります。

COLUMN

「サキヨミ」の重要性

　現場で先を読み、予防処置を実施できる技術者は、工事をスムーズに運営することができます。では、どのようにすれば、先を読むことができるのでしょうか。まずはさまざまな情報を知ることが必要です。請求金額、契約書の内容、もしくは協力会社の状況などです。これを「雑識」といいます。

　次に、これらの情報がばらばらに頭の中に入っていても利用することができません。体系的にまとまっていて、あたかも頭の中に引き出しがあるように、情報が引き出せるようになっていることを「知識」があるといいます。予算書の内容、請求書の内容、現場の状況を比較して、その差異を判断することができる状態です。

　それらの「知識」をもとに、経験を積み重ねている状態を「見識」があるといいます。現場の経験に加えて、本や施工記録を読んだり、多くの人から体験談を聞くことによって疑似体験を積むことができます。

　さらに、決断を積み重ねることで「胆識（たんしき）」が身に付きます。「知識」「見識」をもとに、判断をすることです。

　「雑識」「知識」「見識」「胆識」が身に付いていると、現場で先を読むことができます。予知能力を得ることができるからです。先を読むことのできる能力は一朝一夕には得られず、地道に積み重ねる必要があります。

Q35 一式計上の予算はなぜいけないか

「一式計上」の予算では、現場の様子が分からず、竣工後の評価もできません。すべての予算は「数量×単価」で表すべきです。1つ1つの単価を調べ、把握することが、原価管理の第一歩です。

実行予算書

工種	内容	数量	単位	単価	金額
安全管理費		1	式		100,000円
電気設備費		1	式		300,000円
雑費		1	式		200,000円

あなたはこの実行予算書を見て、どのように感じますか？ この実行予算書からは次のことが読み取れます。

- 現場運営のことが分からない新人が作成した
- 図面や仕様書が何もない状態で、取り急ぎ作成した
- 予算をごまかして、浮いたお金を他に流用しようと考えて作成した

このように「一式計上」項目の多い実行予算書からは、現場の様子がまったく分からないので、準備のしようがありません。さらに、工事終了後に施工の良し悪しを評価することもできません。

したがって、このように一式計上している予算は認めず、「数量×単価＝金額」の形に改めさせましょう。安全管理費であれば、バリケード3,000円/基×10基＝30,000円、トラロープ100円/m×200m＝20,000円という具合です。

一式計上の実行予算書を「数量×単価」の実行予算書に変えるだけで、粗利益率は向上します。

Q36 実行予算管理で材工の落し穴は

　実行予算管理は、計画と実績を比較しながら進めます。実績は人工（にんく）や機械の台数など数量でカウントします。実行予算の計画、目標は、内容が施工条件に対して適切であるか検討するため、また、計画と実績を比較するため、人工や台数で設定しておく必要があります。

　実行予算が材工（ざいこう）一式では、施工出来高はカウントできても、材料費がどれだけで、労務費（人工）が足りているかオーバーしているか、計画と実績を比較して原価の状態を判断することができません。こういう落し穴にはまっている例がよく見られます。

　そこで、材工は材料費と労務費に分けることにより、材料費の数量、労務費の人工数で予算実績管理（予実管理（よじつかんり））をすることが可能になります。次に、掘削工事で材工一式の場合と、内容を分解して計画と実績を比較できるようにした予実管理表の例を示します。

予実管理に使えない実行予算書の例

項　目	単位	数量	単価	金額	材料	労務	外注	経費
掘削工事	㎥	100	2,000円	2,000,000円			2,000,000円	

↓

予実管理として使える実行予算書の例

工種名	項目	細目	数量	単価	金額	日報 1	日報 2	日報 3	小計	金額
準備工	測量	労務	4人	15,000円	60,000円					
	伐採	労務	10人	15,000円	150,000円					
	〃	チェーンソー	5台・日	4,000円	20,000円					
土工	掘削	労務	25人	15,000円	375,000円					
	〃	BH0.7	4台	50,000円	200,000円					
	運搬費	4t車	20台	30,000円	600,000円					
									合計	

Q37 原価管理は単価を知らなければできないか

おおよその単価を知っていることが「原価管理」の基本的なベースとなります。英語の勉強にたとえれば、基本的な単語を知っているようなものです。単語を知らなければ英語が分からないように、単価を知らなければ原価について話ができません。

「生コン1㎥はいくらでしょうか？」「もし、3㎥余らせて返却したら、いくらの損失になるのか知っていますか？」「作業員を1時間手待ちにすると、いくらの費用が発生しているのでしょうか？」

原価を知らなければ、原価意識は出てきません。ものが無駄になっていても、作業員を遊ばせていても、何も感じません。単価を覚えて原価に強くなりましょう。

単価を知ってますか？

項目	単価
鉄筋材料(径25mm)	円／t
鉄筋工事単価	円／t
型枠コンパネ	円／枚
型枠工事単価	円／㎡

単価を知るには、次のような方法があります。
- 「建設物価」「積算資料」のような情報誌を見る（購買の目安として使い、実態を調査する必要がある）
- インターネットなどで調べる
- 現場の実行予算書、会社の実行予算書、他現場の実行予算書を見る
- 協力会社の見積もり書、注文書、請求書を見る
- 上司、同僚に聞く。協力会社や現場に来ている作業員に聞く　など

Q38 建築工事の実行予算の構成は

　実行予算は各会社がルールを定めて活用するもので、これが正解というものはありません。**建築工事の実行予算の一般的な構成は、現場経費、共通仮設費、直接工事費に分かれています。分類内容は各社によって多少異なっているので、自社の実行予算の構成ルールを理解して作成しましょう。**

建築工事では、まず現場経費と純工事原価に分けることができます。純工事原価は、外部へ出ていく変動費です。工事の全体にわたる仮設費用としての共通仮設費と、工種ごとに分かれる直接工事費があります。次のような構成になっています。

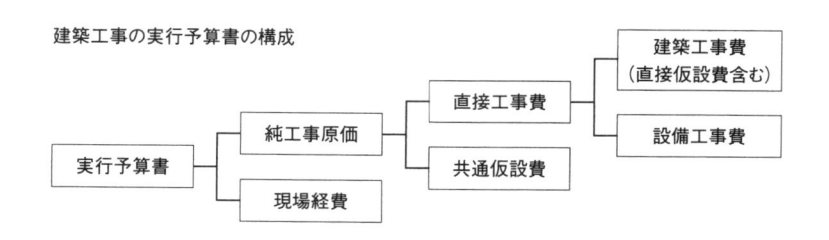

建築工事の実行予算書の構成

```
実行予算書 ─┬─ 純工事原価 ─┬─ 直接工事費 ─┬─ 建築工事費（直接仮設費含む）
　　　　　　│　　　　　　　│　　　　　　　└─ 設備工事費
　　　　　　│　　　　　　　└─ 共通仮設費
　　　　　　└─ 現場経費
```

　現場経費とは、社員の給与関係を中心に、火災保険や損害保険などの保険料、事務用品費、電話などの通信費、社員の通勤などの交通費、交際費、補償費などその他のさまざまな雑費のことです。

　共通仮設費とは、仮設事務所、仮設道路、電力、仮設水道、環境・安全、清掃、借地など工事の全体にわたるような仮設費用をいいます。これに対して、建築工事費には直接仮設費という項目があります。これは工事に直接関連する仮設で、墨だし、内外足場、残材処理、養生などを対象としています。

Q39 土木工事の実行予算の構成は

　土木工事の実行予算書の一般的な構成は、現場経費、間接費、直接工事費に分かれています。建築工事の予算との違いは、自社労務を用いることが多いこと、外注先の数が少ないこと、請負契約だけでなく、単価契約することが多いことがあげられます。次に土木工事の実行予算の構成を示します。

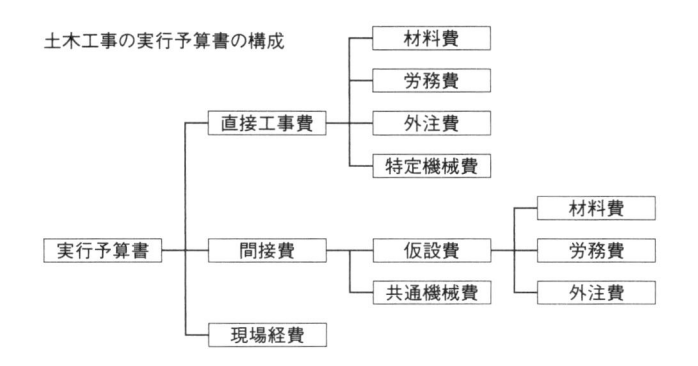

土木工事の実行予算書の構成

```
実行予算書 ─┬─ 直接工事費 ─┬─ 材料費
            │              ├─ 労務費
            │              ├─ 外注費
            │              └─ 特定機械費
            ├─ 間接費 ─┬─ 仮設 ─┬─ 材料費
            │          │        ├─ 労務費
            │          │        └─ 外注費
            │          └─ 共通機械費
            └─ 現場経費
```

　ここで、特定機械費とは特定の工種に用いる機械に、共通機械費とは複数の工種にまたがって使用される機械にあてられる費用です。
　建築工事の実行予算書との違いは、次のとおりです。

- 社内で雇用する作業員の報酬である労務費を計上することが多い
- 外注先の数が少なく、直接工事に携わる会社は数社であることが多い
- 請負契約だけでなく、単価契約（常用契約、71ページ参照）することが多く、原価アップの原因となっている

　実際は、各社ごとに異なる構成となっているので、留意してください。

Q40 工期と工事原価の関係は

　超短工期（突貫工事）は原価が割高になりますが、一般的に工期短縮は現場経費などの削減ができ、コストダウンになります。また、工期を短縮しようとする努力が作業の生産性を上げるため、コストダウンにつながります。

　協力会社への支払いなど外部へ出ていく費用を「直接工事費」、現場経費とその現場にかかわる会社の経費を「間接費」という言葉で表した場合、直接工事費と間接費の合計が工事原価になります。

　協力会社の都合に合わせて工程計画を定めて施工すると、工期は多少長くなりますが、直接工事費は減ります。工期を無理に短縮していくと、次第に直接工事費は上昇します。一方、間接費は工期が短いほど減ります。

　「直接工事費と間接費の和」が最小になる点があり、それが最適工期になります。工期と工事原価の関係は、次のようになります。

工期と工事原価の関係

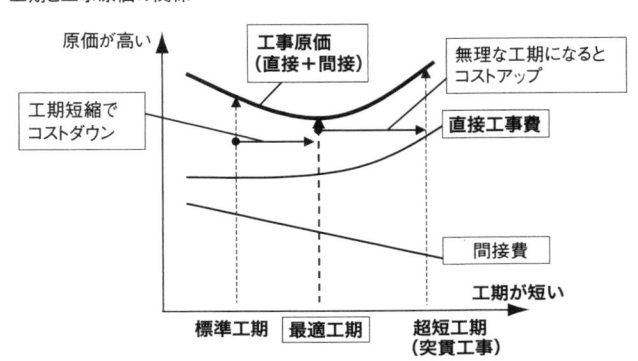

Q41 「3ム」とは

「3ム」とは、ムダ・ムリ・ムラの3つのことをいい、**施工計画、施工管理がきちんとされていないと生じてきます。段取りが悪く、行き当たりばったりであれば、「3ム」になります。「3ム」をなくすことによって、余計な出費が少なくなり、コストダウンにつながります。**

ムダは、材料を余らせたり、労務を手待ちにしたりすることです。精度が悪ければ、ムダな材料やムダな作業が発生します。斫（はつ）りや補修工事は、ムダな作業です。捨てコンの精度が悪ければ、躯体コンクリートが余分にかかります。

ムリをすれば、品質上の問題や事故が発生したりします。それによってコストもかかります。コンクリートの養生期間をきちんととらずに、ムリに型枠を解体すれば、不具合が発生するかもしれません。重機でムリな荷吊りをして、倒壊してしまうかもしれません。

ムラは、ムダとムリが繰り返される状態です。工程計画がきちんとできていなければ、作業の平準化がされず、労務のムダやムリが生じます。

ムダは「運ぶ」「動く」「手を伸ばす」「物を持ち上げる」などの動作の中に潜（ひそ）んでいることもあります。作業者の動作を見直すことで、作業効率が高まります。運送会社ではトラックの荷台と同じ高さに、荷下ろ

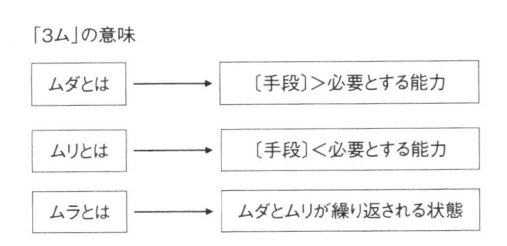

「3ム」の意味

ムダとは	→	〔手段〕＞必要とする能力
ムリとは	→	〔手段〕＜必要とする能力
ムラとは	→	ムダとムリが繰り返される状態

し場を設けています。荷を動かすことが最小となるように、荷下ろし場は設計されています。

例えば、ブロックを積む作業員でも、速い人と遅い人の違いを見ると、ムダが発見できるかもしれません。利き手の近くにブロックを置くというわずかな工夫でも、1日中繰り返されるその基本的な動きの差が効率の差になってしまいます。米国には、レンガ積みの作業を観察してベストな作業員のやり方を他の人にも教えることで、飛躍的に生産性を高めた話があります。

現場では、特に運搬のムダに注意しましょう。材料の荷下ろしの場所、運搬経路など、ちょっとした判断のミスによってムダが生まれます。材料の水平・垂直移動には、コストダウンに向けた工夫の余地がたくさんあります。

COLUMN

IEで生産性アップ

IEとは、インダストリアル・エンジニアリングの略で、生産工学などと訳されています。IEは、高い業績を上げた者に共通して見られる行動特性に注目し、そこから模範的な行動を導き出そうとするものです。模範的な行動を標準化することで、組織的に生産性を上げることができます。

この行動を分析し管理する代表的な実験に、シャベルすくいの実験があります。鉄鉱石、石灰、灰などの運搬作業で、シャベル1回にすくう量をどのくらいにすれば、1日にすくえる量を最大にできるのかという実験です。

その結果は、重いものには小さなシャベル、軽いものには大型シャベルを使うことが、作業員の生産性を最大にすることが分かりました。

また、シャベルですくって投げる高さや距離によっても最適な動作があり、最適なシャベルと動作を組み合わせることで、作業量は3.7倍になり、作業員の収入も増加したということです。

土工事でも、砂、粘土、あるいは雪の質によっても、同様にスコップと動作の最適な組み合わせがあるのでしょう。現場で速い作業員と遅い作業員の違いを観察し、速い作業員のコツがつかめれば、全体の生産性を上げることができるかもしれません。

Q42 利益拡大のための秘訣は

　利益を拡大する方法には「利益率を高める方法」「受注額を増やす方法」「工事原価を圧縮する方法」の３つがあります。建設業は請負金額に占める工事原価の割合が大きく、工事原価を削減することが利益確保のために最も効果的です。

- 下図の①は「利益率を高める方法」です。本来、目指さなければならないことではありますが、最近は利益率の高い工事をとることがむずかしい状況になっています
- 下図の②は「受注額を増やす方法」です。建設投資額が減少しています。また、１人の現場代理人が受け持つ仕事の量も限られ、ひたすら受注額を伸ばす薄利多売的な考え方は建設業には通用しません
- 下図の③は「工事原価を圧縮する方法」です。工事原価を圧縮することによって利益は拡大します。請負金額の９割近い工事原価を１％圧縮できれば、利益拡大に大きく貢献できます

　建設業は固定費が小さく、外部調達する変動費が大きい産業です。このような産業では、1つ1つの工事をきめ細かく管理し、原価を圧縮して利益を拡大する方法が効果的です。

利益を拡大する方法

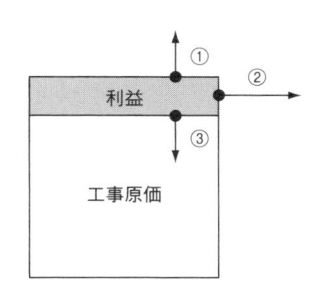

一方、製造業のように固定費が大きく、材料などの外部調達の変動費が小さい産業では、利益率を下げても出荷量を上げることで、利益を拡大することができます。しかしながら、薄利多売と呼ばれるこの方法は、変動費の大きい建設業ではうまくいきません。

COLUMN

マクドナルドが100円バーガーを出せる理由

　マクドナルドが100円バーガーという低価格商品を出すことができたのには、理由があります。

　原価は固定費と変動費に分けられます。固定費は売上げがなくてもかかる費用で、建物の賃貸料、機械や設備の費用、人件費などです。変動費は商品の材料などに使われる仕入れ費用で、売上げが上がれば変動費も一緒に上がっていきます。

　単純に考えれば、マクドナルドでは売上げが2倍になったとき、変動費も2倍になりますが、固定費は変わりません。1個当たりのハンバーガーで考えれば、変動費は同じですが、固定費は売れた数量に分配されます。つまり、売上げが2倍になれば、1個当たりのハンバーガーの変動費は同じですが、固定費は2分の1になります。したがって、固定費が高い場合は、薄利多売によって商品の値段を下げることができるのです。

　建設業は、会社を簡単に設立する人がいるように、固定費が小さく変動費が大きい産業です。仮に固定費20%、変動費80%とします。1工事の原価を100とすれば、1工事当たりの固定費は20、変動費は80になります。ここで20値引けばシェアが拡大し、受注量が2倍となるとします。

　受注量が2倍になれば、1工事当たりの固定費は10、変動費が80の合計90が原価になります。しかし、1工事ごとに20値引きしたので、工事ごとに10のマイナスが出てしまいます。もともと粗利益率が10〜15%の建設業では、経営が成り立ちません。つまり、変動費が大きい建設業は、変動費、すなわち工事原価を圧縮する努力が重要なのです。

Q43 なぜ作業に生産性目標（標準歩掛り）を持つのか

　作業効率とコストには、相関関係があります。作業効率が高まれば、コストが下がり利益が増えます。協力会社と契約したら、その予算内で施工するために目標とする人工（にんく）が設定されます。その目標人工、すなわち生産性目標を設定し、工程と原価を管理することが大切です。

　生産性が高い優秀な作業員がそろっている協力会社は、1人当たりの利益を多く出します。逆に生産性が低い見習いが多い協力会社は、1人当たりの利益は少なくなります。生産性が低い協力会社はそれを自覚し、残業をしてでも1日の生産性目標を達成することが必要になります。

　このような生産性目標がなければ、作業効率が悪いにもかかわらず、人工がかかったからと追加を求めてきたり、努力しなかったりするケースが出てきます。また、平均以上に生産性を上げた協力会社は、儲けすぎだとして、単価を下げられる口実に使われてしまうと恐れるでしょう。生産性を上げるほど単価を下げられてしまっては、協力会社としては不本意ですし、両者の良い関係は築けません。協力会社の評価基準として、標準歩掛り（ぶがかり）から判断することが必要です。

作業効率と利益の関係

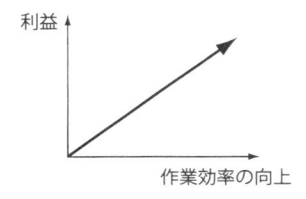

（利益↑　作業効率の向上→　右上がりのグラフ）

標準歩掛りから生産性目標を設定することで、作業効率に対する認識

ができ、目標を設定しない場合よりも創意工夫がなされます。陸上競技でタイムを常に測定することで、より速く、より遠くまで記録が達成されるのと同じです。目標値も基準も持たなければ、作業効率について判断ができず、やりっぱなしの仕事になってしまうでしょう。標準歩掛りという目標値を設定することで、計画の甘さ、厳しさ、実施上の失敗や工夫が明らかになってきて、次の計画に活かされていきます。

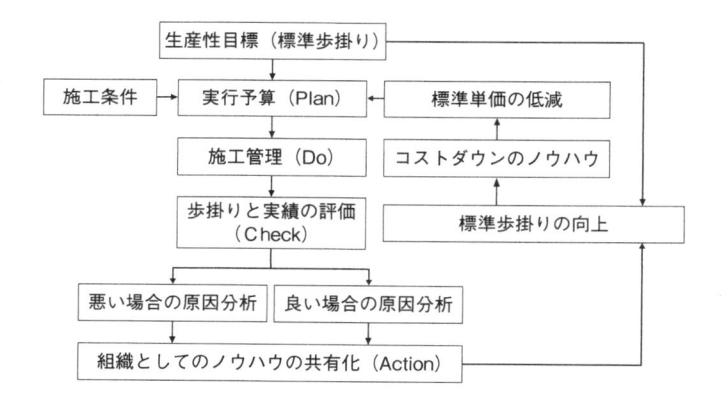

```
                    生産性目標（標準歩掛り）─────────┐
                           │                        │
    施工条件 ──── 実行予算（Plan） ──── 標準単価の低減
                           │                        │
                     施工管理（Do）      コストダウンのノウハウ
                           │                        │
                   歩掛りと実績の評価                │
                      （Check）        標準歩掛りの向上
                           │                        │
      悪い場合の原因分析  良い場合の原因分析
                           │
         組織としてのノウハウの共有化（Action）
```

COLUMN

より高く跳ぶには

目標を立てることにより、高くジャンプすることができるようになるという実験があります。まず被験者たちに思い切りジャンプさせ、その記録をとります。次に人数を半分ずつに分けて、1つの班にはもう1度、思い切りジャンプをさせます。もう1つの班には、前に跳んだ高さより10cm高いラインを引き、そこまで跳ぶようにジャンプさせます。まったく目標がない班よりも、目標を持って跳んだ班のほうが、明らかに高く跳べるようになります。

ゴルフでもスコアをつけるから、1打1打が充実するのです。スコアをつけないゴルフは、自分の状況が分からずにだれてしまうでしょう。作業者は1日の作業量の目標を持ち、目標に対してどれだけできたかを考えることで、生産性が上がるのです。

目標が達成できたら、何らかの報酬が大切です。労(ねぎら)いの言葉や評価しているという証(あかし)は重要です。それによって、また頑張ろうと考えるのです。

Q44 小間割を活用するポイントは

　時間ではなく、作業量で約束をすると、作業員は生産性を上げて、早く帰れるように熱心に働きます。常用の中でも「小間割」という方法をうまく活用すると、単なる常用よりも生産性を高めて、元請も作業員も喜べる方法になります。

請負契約と常用契約

　協力会社との契約方法には、請負契約と常用契約があります。

　請負契約の場合は、発注条件の中で決められたことを行い、基本的に契約額の増額や減額をしません。協力会社は一生懸命に働いて生産性を上げれば、利益を多く出すことができます。また、協力会社は創意工夫で儲けても、儲けすぎだとはいわれません。半面、生産性が低くて、赤字になっても追加は出しません。

　常用契約の場合は、いわゆる「人工出し」であり、1人工の単価を決めておくだけで、あとはかかった人工数に応じて支払います。8時から17時まで働き、それよりも長く働く場合には時間に応じて追加分を支払います。

請負と常用の使い分け

　発注条件や施工範囲が明確であれば、請負契約にしたほうが元請はコスト管理がしやすく、協力業者も頑張っただけ儲かるので、仕事への取り組みが真剣になります。どうしても発注条件や施工範囲が明確にできない場合には、1人工を単価契約して、常用として使った人工分を支払います。

　土木工事で毎日作業が変わっていくものや、片づけ清掃のように作業範囲が明確にできない場合は、常用にして、かかった人工を精算します。

常用では1日働いて「いくら」なので、作業員はどうしても100％の力を発揮して仕事に取り組まないことも生じます。

実行予算管理をするうえでは、請負を優先し、不確定な常用を少なくすることが重要です。

常用と「小間割」

常用人工でも、朝に作業量、作業範囲を定めて、それが終わったら1日の作業は終了とする「小間割」というやり方があります。いわば、現場監督と作業員との1日単位の請負契約です。朝、現場監督と作業員が打ち合わせをして、1日の作業量を決めて、時間にかかわりなくその日の人工数とする約束です。

一般に、1日の作業量を常用でこなせる量よりやや多めに設定しても、作業員は喜んで請けてくれます。うまく「小間割」を活用すれば、常用よりも多くの作業量をこなせて、元請としてもいいし、作業員も早く帰れてうれしいというメリットが両者にあります。

ただし、「小間割」で働いてもらうには、現場監督は1日の作業量を設定する能力を備えている必要があります。無茶苦茶な施工量や施工範囲を指定すれば反感を買い、逆効果になってしまいます。1日にどれだけの作業が可能であるか、適切に見極めることが重要になります。

COLUMN

仕事の頼み方、支払い方法

直用（直傭）作業者、直営作業者……自社で雇用している作業者
請負……契約した作業を完了して賃金を支払う方法
常用（常傭）……働いた時間、日数をもとに賃金を支払う方法
小間割……その日の作業が完了したら、1日の賃金を支払う方法
　　　　　　　　　　（勤務終了時間前に帰宅できる）

Q45 生産性を高める最適な人数は

　作業の生産性を上げることは、原価を下げることにつながります。作業は一般的に人数が少ないと連携がとれないので生産性が低く、人数が多すぎると手待ちの作業員が出るなど生産性が落ちます。つまり、作業には生産性を高める最適な人数があるのです。

　1つの作業工程で、複数の作業者が連携したほうが生産性が高まる作業があります。例えば、資材を運ぶ人と組み立てる人が別々になるよう作業分担したほうが生産性が高くなる場合があります。さらにいえば、技能を必要としない資材を運ぶ作業などは賃金の安い人が担当し、技能を必要とする組み立て作業などはベテランが行うことによって、コストを削減することができます。

　ある舗装会社で歩掛りの分析をしたところ、施工面積がある面積より小さいと1人当たりの生産性は低く、大きくなると生産性はほぼ一定になりました。

　この会社では舗装の直営班が複数あり、その班構成の人数は異なっていました。班ごとの生産性を比較することにより、最適な人数があることが分かりました。下図のように、1人当たりの生産性は山なりになり、最も高い生産性を発揮する人数構成があることが分かります。

人数構成と生産性の関係

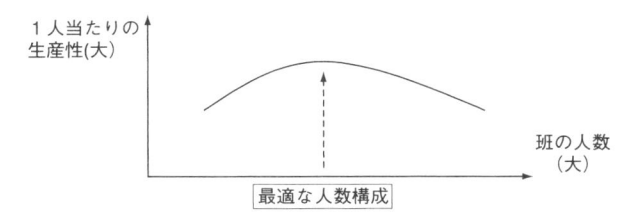

Q46 原価の進捗確認方法は

原価の進捗確認をするうえで大切なことは、「実行予算出来高」と「実施工事費」、「残予算額」と「残工事費」を正確に比較することです。特に「残工事費」を予測して算出し、「残予算額」と比較して、対策を立てることが重要です。

まず、実行予算に対する現在の進捗状況を知る必要があります。これを「実行予算出来高」といいます。この「実行予算出来高」に対応した工事金額を「実施工事費」といいます。これは、実行予算に対応した工事金額が分かるようにするために算出します。さらに、実行予算の残りを「残予算額」というのに対して、今後必要であろう工事金額を「残工事費」といいます。

これらを活用して、その月までの工事の進捗を判断するためには「実行予算出来高」+「残予算額」と「実施工事費」+「残工事費」を比較すればいいことになります。「実行予算出来高」と「実施工事費」、さらに「残予算額」と「残工事費」は関係が深く、対比の関係にあるため、常にその差を把握しておく必要があります。

対比の関係

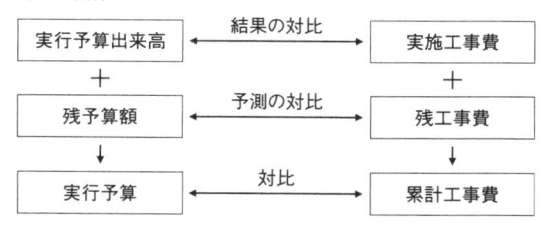

実行予算出来高	←結果の対比→	実施工事費
＋		＋
残予算額	←予測の対比→	残工事費
↓		↓
実行予算	←対比→	累計工事費

Q47 実行予算と累計工事費を比較する方法は

原価の予測管理をするためには、「実施工事費」を正確に見積もることが大切です。「実施工事費」は、「支出金額」に対して「調整勘定」を加減させることで算出します。その後、「実行予算」と「累計工事費」を比較して問題を抽出し、改善策を実践することで、原価低減が成しとげられます。

「実施工事費」を算出するためには、実際の支出である「支出金額」に対して「調整勘定」を加減しなければなりません。

支出金額 ± 調整勘定 ＝ 実施工事費

「調整勘定」には「完成時残存価値」「先行支出」「後払い」の3種類があります。

調整勘定の種類

完成時残存価値	工事金額として支出されたが、最終的に工事金額に戻し入れされる分 ● 購入した資機材が購入先に買い戻されるケース ● 購入した資機材が形として残るケース ● 労災メリット還付金 ● 賃貸事務所の敷金など
先行支出	工事金額として支出されたが、実行予算出来高にはまだ計上できない状態にあるもので工事開始までに消費される分 ● 資機材を購入し代金を支払ったが、まだ使用していない状態の分 ● 電気料金の予納金、家賃などの前払い金
後払い	現場で施工されているが、工事金額として計上されていない分 ● 資機材の未払い金 ● 協力会社に対する契約上の保留金 ● 社内振替未達分 ● 締め切り日までに資機材納入業者、協力会社からの請求がない分

74ページで述べたとおり、「実施工事費」に「残工事費」を加えた「累計工事費」と、「実行予算」を比較することで、最終的な利益を予測することができます。

　「実行予算出来高」と「実施工事費」との比較が「結果の比較」であるのに対して、「残予算額」と「残工事費」の比較は「予測の対比」です。「結果」を踏まえて、今後の「予測」をすることで、その現場の課題を早期に発見し、適切な対策を講じることができるのです。

　1つ1つ順を追って「調整勘定」と「残工事費」を算出することで、最終の「累計工事費予測」をすることができます。実行予算書の項目ごとに、現場の状況がどのようになっているかを常に監視することが重要です。監視する際には、次の点を確認する必要があります。

●支出金額に「完成時残存価値、先行支出、後払い」の調整勘定が含まれていないか
●材料のロス率は予算どおりか
●作業工数は予算どおりか
●実行予算書にあげた項目以外の支出金額が発生していないか
●工期は実行予算書に計上したとおりに進んでいるか

Q48 現場の月次決算の役割は

　現場の原価と利益の状況を把握するため、「現場の月次決算」で最終利益を算出します。現場の「現在までの原価」と、これから使う「将来の原価」を算出し、最終利益を予測します。会社はこの報告を受けて、個々の現場の原価管理の状況を把握し、会社全体の目標利益の判断に使います。

「月次利益報告書」を作成するには、現状の原価の把握と将来の原価の予測が必要です。まず、発注済、支払い済の金額を把握し、今後の発注予定、精算予定を加えた「予測原価」を算出します。実行予算から「予測原価」を差し引くと「予測利益」が算出されます。

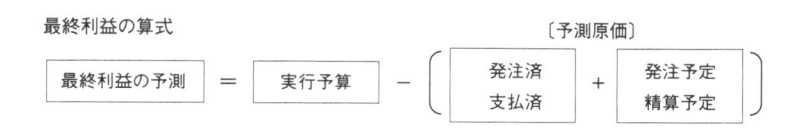

最終利益の算式

$$\boxed{最終利益の予測} = \boxed{実行予算} - \left(\boxed{\begin{array}{c}発注済\\支払済\end{array}} + \boxed{\begin{array}{c}発注予定\\精算予定\end{array}} \right)$$

〔予測原価〕

次に、各現場の「予測利益」を「月次利益報告書」として会社が集計し、期の利益予測の判断として活用します。

「月次利益報告書」の役割

現場		会社
現場の原価と利益を把握し、必要な対応をとる	「月次利益報告書」の提出 →	各現場の利益を集計し、目標利益と対比する。問題のある現場を指導、支援する

第4章　施工中の現場の原価管理　077

Q49 現場の月次原価報告の注意点は

多くの建設会社では、実行予算の予算実績管理の状況を毎月報告しています。ただし、現場で予算実績管理がきちんとされていないと、竣工間近になって大幅な利益の変動が生じ、会社としての利益管理に支障が出ます。

実行予算管理で、予算実績管理のポイントは「常に最終利益の予測ができていること」です。「現場プロジェクトが終わったら、どのくらい利益が残りそうか」という質問に答えられることです。会社に対しては、月末に月次原価報告、あるいは月次利益報告などの形で報告します。きちんと予算実績管理がされていないと、竣工間近になって利益予測に大幅な変動がある場合が見られます。

「竣工間近で利益がはね上がるケース」は、リスクを考えて隠し利益を残していたが、竣工間近になって残っていた利益が明るみに出て、利益が大きくなる場合です。また、「竣工間近で利益が大幅に下がるケース」もあります。終わってみなければ分からないというひどい例や、設計変更の追加費用がもらえなかったという例などです。これでは、会社は利益目標に対する現状を正確に把握することはできません。

竣工間近で利益がはね上がるケース

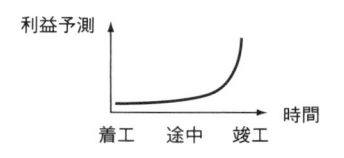

竣工間近で利益が大幅に下がるケース

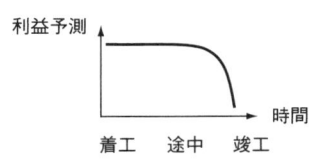

Q50 協力会社への発注価格が適正か判断するには

　協力会社の見積もりで、材工一式になっているところは材料費と労務費に分け、経費と利益を予測します。その予測に対して、実績はどうであったのかを見ることで発注価格が適正だったか判断します。特に、現場の施工条件で変動するのは労務費です。目標人工に対する歩掛りを見れば、おおよその判断ができます。

① 工事精算時に実施すること

　工事完了時には、工事の精算を実施したうえで、実行予算と実施工事費に差がある場合は、その原因を調査し、今後の実行予算作成に役立てます。また、実施工事費から実施単価を算出します。そのうえで実行予算単価と実施単価を比較し、今後の参考値として利用できるようデータベース化します。

② 歩掛り算出

　歩掛り算出の目的には、次の事項があります。
- 原発注金額と実質原価とを比較することで、原価実績を検証すること
- 施工金額を分解することで、単価構成を把握すること
- 単価構成を分解することで、原価低減の改善点を絞り込むこと

　歩掛り調査票の一例を80ページに示します。
　歩掛り調査票によって得られた実績単価（この場合は3,120円）と協力会社への発注単価を比較します。発注単価のほうが高ければ、協力会社は利益が出ています。逆に、発注単価のほうが低ければ、協力会社は赤字であった可能性があります。実績を把握して、適正価格で発注することが大切です。

歩掛り調査票(型枠工事)の例

区分	内容	数量	単位	単価	金額
労務費	大工	25	人	15,000円	375,000円
	普通作業員	10	人	12,000円	120,000円
材料費	コンパネ(4回転用)	240	㎡	600円	144,000円
	セパレーター300mm	53	個	20円	1,060円
	単管 L5m	40	本	80円	3,200円
	金具	106	個	20円	2,120円
機械費	ユニック	3	日	9,300円	27,900円
	レッカー 20t	0.5	日	15,000円	7,500円
小計					680,780円
協力会社経費	10%				68,078円
合計					748,858円
単価					3,120円

③ 具体的な事例

　型枠大工が儲かったかどうか、労務費に着眼して別の事例で見てみましょう。見積もりで型枠面積が1,000㎡で、これを延べ人工100人で施工する計画であったとします。目標人工は100人で、これが予定どおりに施工できたかどうかで判断します。

● 出面の合計が80人であった場合

　歩掛りは、@12.5㎡／人となり、1人当たり1.25倍の生産性が上がったことになります。20人工分儲かったので、型枠大工はにこにこしているでしょう。どのような施工方法や手順で生産性を上げたのかを検証しておくことです。他の現場でも使えるかもしれないし、もし型枠大工の能力も施工方法も特別なところがなければ、同じ条件であれば次回の交渉に使えます。

● 出面の合計が120人であった場合

　歩掛りは、@8.3㎡／人で、20人工分オーバーしてしまいました。型枠大工は働いた分だけお金がもらえないため、渋い顔をしているでしょう。元請の段取りが悪かったためなら、「あの監督とはやりたく

ない。やるなら単価を上げてもらわなければできない」となります。

　なぜ歩掛りが悪かったのかを検証しておくべきです。手間のかかる部分があったのかもしれません。型枠大工の力量が低かったのかもしれません。問題点が見つからなかったら、歩掛りを甘く見すぎたということになります。

　このように、歩掛りの実績をとっておくことで、協力会社のコスト状況を把握でき、購買でも根拠のある値交渉ができるようになります。

COLUMN

歩掛りにより原価と工期を同時に管理する

　作業量を一定にしたときに、人工数と工期には相関関係があります。作業量が1,000㎡あり、歩掛りが「@10㎡／人工・日」とすれば、10人の場合は10日かかり、5人の場合は20日かかります。実際は施工条件や人数によって1人当たりの生産性が変わりますので、歩掛りはあくまで目安と考えてください。

●作業量を「1人当たりの生産性」で割ると必要な延べ人数がでます。
　1000㎡÷@10㎡／人工・日＝100人工・日
①延べ100人必要なので、1日当たり10人ならば10日かかります。
　100人工・日÷10人工＝10日
②延べ100人必要なので、1日当たり5人ならば20日かかります。
　100人工・日÷5人工＝20日

　作業員を増やすと工期が縮まり、作業員が減ると工期が延びます。工区分けをして、班の数（作業員数）を増やすことで、工期を短縮することができます。
　ただし、1つの作業には最適な人員構成があり、生産性が一番高くなる人員構成があります。突貫工事になると、工期を縮めるために人を多くしますが、1人当たりの生産性が下がるのでコストアップになってしまいます。
　ここで10日の工期で作業を計画したとします。10人で11日かかったとすれば、工期は1日延びて延べ人工数は110人工になります。工期がオーバーするとともに原価もオーバーします。
　人数を11人に増やして10日で終えても、工期は間に合いますが、延べ人工数は110人工となり原価がオーバーします。請負で任せた場合には、1割分の残業をすることによって、延べ人工数を100人工に収めるようにするでしょう。
　歩掛りを知っておくことによって、日数と人工数の目安が分かります。日数と人工数の両方を管理することが、原価管理と工程管理のベースになります。

Q51 変更工事で利益を上げるコツは

　工事は、収入（見積もり単価または発注者単価）と支出（外注単価）の差によって利益幅が変動します。利益幅の大きい工種（作業）を増やし、利益幅の小さいものを減らすことがコツです。

次の表を使って、変更工事による増減のケーススタディをしてみましょう。

工種	見積もり単価または 発注者単価(収入)	外注・仕入れ単価 （支出）	利益幅 （現場に残る）
A作業	3,000円/m²	2,000円/m²	1,000円/m²
B作業	2,000円/m²	1,500円/m²	500円/m²
C作業	4,000円/m²	3,800円/m²	200円/m²

ケース1

　A作業が1,000m²増加になった
　発注者から3,000円／m² × 1,000m² ＝ 3,000千円の変更増額がもらえ、現場として1,000円／m² × 1,000m² ＝ 1,000千円の利益アップになる。

ケース2

　C作業が750m²増加になった
　発注者から4,000円／m²×750m²＝3,000千円の変更増額がもらえ、現場として200円／m²×750m²＝150千円の利益アップになる。

　ケース1、ケース2とも発注者にとっては3,000千円の変更増額であるにもかかわらず、工事会社では100万円と15万円の利益差になっています。その理由は利益幅の差にあるのです。この利益幅を変更項目の検

討に入れて、有利な提案ができる作戦を立てるのです。ここが知恵比べです。

次に、「変更してもいいが、全体の請負金額は変更しないよ」という発注者の条件があった場合を考えてみましょう。

ケース3
　B作業が2,000㎡増、C作業が1,000㎡減になった。
　B作業の利益幅は　500円／㎡×2,000㎡＝　1,000千円
　C作業の利益幅は　200円／㎡×1,000㎡＝▲200千円
　　　　　　　　　　　　　　差し引き　800千円の利益増

ケース4
　B作業が2,000㎡減、C作業が1,000㎡増になった
　B作業の利益幅は　500円／㎡×2,000㎡＝▲1,000千円
　C作業の利益幅は　200円／㎡×1,000㎡＝　200千円
　　　　　　　　　　　　　　差し引き▲800千円の利益減

　ケース3、ケース4はともに追加でもらえる金額はありません。金額の増減なしの変更です。にもかかわらず、工事の利益はケース3で80万円の増額、ケース4では逆に80万円の減額になっています。なぜでしょうか？

利益幅の大きいもの→増加、　利益幅の小さいもの → 減少
　　　有利な方向にある …… ケース3
利益幅の大きいもの→減少、　利益幅の小さいもの → 増加
　　　不利な方向にある …… ケース4
　という理由です。

原価管理の目的は、コスト分析をすることにより、利益を増やしていく着目点を見つけることです。無駄なコストの出所を見つけてお金の流出を防ぐことです。

　そのためには、収入（単価）と支出（単価）を把握して、有利な変更提案を作成できる能力が必要です。

- この材料の仕入れ値はいくらか
- 100個まとめるといくら安くなるか
- 1,000個ならもっと安くなるか
- この作業を10日縮めると労務費はいくら節約できるか
- 作業方法を変更すると原価はいくら安くなるか

　など、いつも自問自答しながら、コストデータを自分の手帳にメモするといった心掛けが大切なのです。

COLUMN

施主と現場のウィン・ウィン

　ブックセンターの建築工事で、壁のクロス仕上げに目をつけた現場代理人がいました。

　彼は、本棚に隠れて見えないクロスを張っても意味がないと考え、変更提案をしました。

　ところが、このまま提案すれば減額となるため、代わりに別途工事（床を絨毯に変更、照明の追加など）を付加することに成功して施主も満足し、現場の利益額も増大したということです。

　現場から利益が生まれるという一例です。

Q52 VEとは

VEとは、Value（価値）Engineering（工学）の略で、**代替案によって価値を向上させる手法です。VEには、基本的に機能を下げないというルールがあり、代替案の作成方法は4つのパターンに分類されます。**

VEというと、コストダウンだと思っている人もいますが、価値の向上であり、コストダウンはその中の1つの方法です。コストが上がっても機能（働きや役割）が向上し、顧客の満足度がコストアップよりも大きければ、顧客にとっての価値は向上します。

価値は次のように、機能をコストで割った算式になります。

$$V(\text{Value:価値})\uparrow = \frac{F(\text{Function:機能})}{C(\text{Cost:コスト})}$$

VEには、基本的に機能は下げないというルールがあります。例えば、壁を薄くしてコストダウンすれば、隣の音が聞こえてしまいます。これでは、VEの精神に反します。遮音性という機能を満たして、コストダウンの代替案を考えることがVEです。過剰な機能を削減したり、あまり必要がない機能を取除くことはOKです。VEによる代替案は、次の4つのパターンのどれかに分類されます。

価値向上の4つのパターン

	パターン①	パターン②	パターン③	パターン④
機能	→:同じ	↑:上がる	↑:上がる	↑:上がる
コスト	↓:下がる	→:同じ	↓:下がる	↑:やや上がる
例	性能が同じで価格が安い製品	価格が同じで性能が高い製品	性能やデザインがよく安い製品	少しのコストアップで顧客が大満足

Q53 VEを実施するときの重要な視点は

VEでは、誰にとっての価値なのかという視点が重要です。一般的には、顧客にとっての価値を向上させ、顧客満足やコストダウンにつなげます。顧客の立場になって、顧客の事業、顧客の使用、顧客の価値観などを考えて実施することです。

VEは価値向上の手法ですが、誰にとっての価値なのかが重要です。現場では顧客の価値が対象となります。いくら良いものを提供しても、顧客が求めている機能でなければ、価値には結びつきません。

例えば、「改良を重ねて馬力のあるエンジンを開発しました。何しろ300馬力ですから」と顧客にもちかけても、「うちは子供と週末キャンプに行くのが好きなんですよ。RVタイプのほうがいいし、環境に配慮した車のほうが価値はあると思うのですが」といわれたら、まったく価値向上になっていません。顧客の価値はその人によって異なり、絶対的な、ただ1つの決まった価値はないということです。

VE提案の対象者が発注者、顧客の場合、提案が顧客の価値に適合し、提案が受け入れられなければ、VE提案は失敗になります。顧客の視点で、顧客が求めている機能を考えながら、VE提案をすることが重要です。

「顧客の顧客」の価値も考える

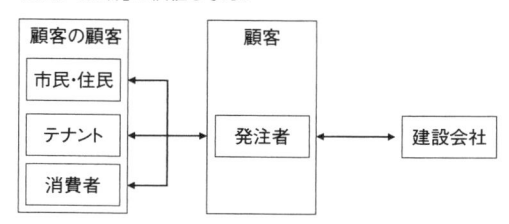

顧客の顧客	顧客	
市民・住民 ←→		
テナント ←→	発注者 ←→	建設会社
消費者 ←→		

086

また、顧客には、顧客にとっての顧客がいます。それを「顧客の顧客」といいます。建設会社にとって、公共工事では国民、賃貸アパートでは住人、病院では患者、スーパーでは消費者のことです。「顧客の顧客」の価値を上げることは、顧客の価値を上げることにつながります。このような視点も大切になります。

COLUMN

生産性を高めてコストダウンを図る

　コストダウンを検討する場合、まず大きく３つの着目点があります。材料費、労務費、経費です。この中で、どれが最も効果的なコストダウンにつながるのか検討してみましょう。

　住宅業界で輸入建材がはやった時期がありました。米国の大量生産された安い建材を輸入して、安くて良い建物をつくろうということでした。しかし、思うようなコストダウン効果はありませんでした。住宅のコスト構成をおおまかに仕分けると、材料費：労務費：経費＝１：１：１となり、材料費は約３分の１です。仮に材料費で30％コストダウンできても、全体から見れば１割弱のコストダウンです。手間ひまをかけたわりには、コストダウン効果が小さかったのです。

　米国の住宅がなぜ安いのか探ってみると、その行きつく先は、材料費の安さよりも生産性の高さでした。ＣＰＭ（クリティカル・パス・メソッド）という工程管理の手法がコストダウンのカギになっています。米国の職人は１日の労務費としてそれなりの金額をもらっているが、生産性の高さが建物当たりの労務費の割合を抑えています。材料費の安さだけでなく、施工管理によってコストが低い建物ができていたのです。

　Ａという現場、Ｂという現場があり、敷地条件がまったく同じで、設計仕様も同じ建設物を建てたとしても、Ａ所長とＢ所長の現場管理の方法によって、ずいぶんコストが変わってくることがあります。Ａ所長はしっかり利益を出していても、Ｂ所長は手戻りが多く赤字となってしまうこともあります。しっかりしたきめ細かい施工管理が、堅実な利益を生み出す唯一の道です。

　労働費ミニマムの視点があります。過去の材料費・機械費の上昇率と労務費の上昇率を比較すると、材料費・機械費がなだらかな上昇であるのに対して、労務費はその４〜５倍の上昇率です。労務費が安い時代は材料を大切にし、人が動くことでコストダウンを図りました。一方、現在は材料費・機械費がアップしても、労務費を抑えることで、トータルに見てコストダウンを図っています。

Q54 施工検討会とは

「施工検討会」は組織的な現場支援の場です。ここで寄ってたかって、現場のリスク、施工上の問題点、コストダウンの余地などを検討します。必要ならば協力会社やメーカーを呼んで、懸案事項が残らないように検討を尽くします。

コストダウンには現場の努力が必要であることはいうまでもありません。しかし、現場の努力だけでは限りがあり、組織的な支援を必要としています。コスト競争力がある会社は、施工中も施工検討会を何度も実施しています。施工検討会では、次のような支援ができます。

- 個人の考えだけでなく、組織的に施工上の問題点を検討する機会が得られる
- 懸案事項や疑問点を相談でき、不安が解消できる
- 近隣問題、施主の要望などを検討する機会でもある
- 工法の選定など経験者から情報が得られる
- 協力会社、資材、機械などの最新情報が得られる　など

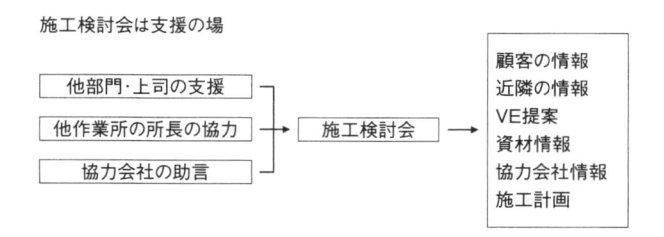

施工検討会は支援の場

```
┌─────────────────┐
│ 他部門・上司の支援 │
├─────────────────┤                         顧客の情報
│ 他作業所の所長の協力 │ → 施工検討会 →    近隣の情報
├─────────────────┤                         VE提案
│   協力会社の助言    │                      資材情報
└─────────────────┘                         協力会社情報
                                            施工計画
```

Q55 集中購買と分散購買の違いは

　購買の主導権が会社側にあり、各現場の統括的な購買管理をしていることを「**集中購買**」といいます。それに対して、各現場で個別交渉して購買をしていることを「**分散購買**」といいます。

　集中購買は、各現場がばらばらに購買活動を行うのではなく、相場変動に対する購買戦略、年間を通した協力業者の選定方針の設定、購買単価の一元管理、組織的な購買交渉など、組織としての統括的な購買管理ができるところに意味があります。

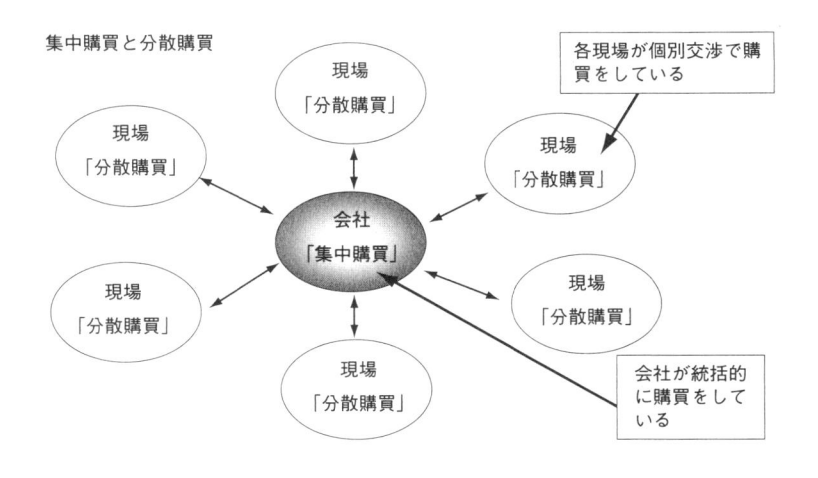

集中購買と分散購買

- 現場「分散購買」（各現場が個別交渉で購買をしている）
- 会社「集中購買」（会社が統括的に購買をしている）

　ある現場で安く決めても他の現場で高く決めれば、会社としては情報不足による機会損失になります。集中購買にすれば、購買担当が一元化したデータから適切に判断でき、機会損失が減ります。

Q56 集中購買のメリット、デメリットは

集中購買と分散購買にはそれぞれのメリット、デメリットがあり、一概にどちらがいいといえません。会社の状況や購買項目によって使い分けが必要です。組織として集中購買の範囲を決め、購買方針を定めて取り組むことです。

一般に集中購買は、鉄筋、鉄骨、コンクリート2次製品、設備器具など、ある程度仕様が明確になっていて、スケールメリットがあるものが選ばれます。分散購買は、現場条件によって細かい打ち合わせや見積もり条件の設定が必要な仮設関係、特殊工事関係が対象になります。

集中購買のメリットは、各現場で個別に交渉するよりもスケールメリットが出せることです。いくつかの現場の外注工事をまとめて発注することもできます。小規模で不利な現場と大規模で魅力的な現場を抱き合わせにして、大規模な現場と同単価で小さな現場も契約したりします。

集中購買と分散購買はお互いに補う部分も多く、それぞれの特性を活かして会社としての購買方針を定めます。

集中購買のメリット、デメリット

集中購買のメリット	集中購買のデメリット
●会社としての購買方針を定めて発注できる ●計画的な購買ができる ●スケールメリットが出せる ●しがらみから離れて発注ができる ●協力会社に対して発注の平準化ができる ●発注単価と発注条件の標準化ができる ●効率的な在庫管理ができる ●購買専任者によるノウハウの蓄積ができる	●現場条件に応じた細部のネゴができない ●小回りのきいた発注ができにくい ●コストダウンが優先された発注になりやすい ●現場代理人の協力会社に対する影響力が小さくなる ●協力会社と現場との協力態勢が構築しにくい ●協力会社に無理を押し付ける現場が出てくる ●現場のコスト意識が低くなる

Q57 購買で早期の交渉、契約が重要な理由は

　購買で有利に契約するためには、基本的に早期に複数の協力会社に見積もり依頼をして、交渉に入ることが必要です。着工までに余裕がなく契約を急げば、有利な交渉はむずかしく、相手のペースになってしまいます。特に期限が迫っていて、1社としか交渉できない場合は、選択肢が限られ、不利な状況に追い込まれてしまいます。

　実行予算の作成では、施工計画によって原価（コスト）が大きく変わってきます。購買段階でも、協力会社の意見を聞いて、作業工程や施工方法の工夫により、原価削減の検討の余地を見つけます。

　そのような検討をするためには、早期に協力会社と交渉を進めておくことが大切です。時間的な余裕がなければ、施工検討の余地もなくなり、相手のペースになってしまいます。また、協力会社の忙しさの度合や経営状況の違いでも、原価が変わります。複数の協力会社にコンタクトすることが、コストダウンのためには重要です。

　不動産の売買でも、売り急いでいることが分かれば、値段を叩かれます。取極期限が迫り、協力会社に「この値段でしかできない」といわれたら、他の会社を探す時間もないし、工期を守るためには急いで決める以外になくなってしまいます。取極期間に余裕があれば、他の会社から相見積もりがとれるため、追い詰められることはありません。

購買を有利にするための早期交渉

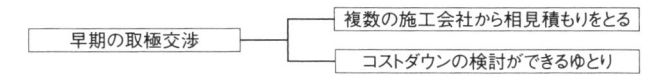

```
早期の取極交渉 ─┬─ 複数の施工会社から相見積もりをとる
                └─ コストダウンの検討ができるゆとり
```

Q58 出来高をコスト意識に結びつけるには

　工事が完了した部分を売上げ換算したものが「出来高」と呼ばれるものです。この出来高は元請会社として施主へ請求する「受取り出来高」と、協力会社へ支払う「支払い出来高」の2つに分かれます。また、出来高は「出来形」と混同されがちですが、出来形は出来上がった形（売上げに相当する完了したもの）を指します。出来高（完了した部分をお金に換算）と間違えないことです。

施主へ請求する受取り出来高は毎月計算され、例えば「工事を中止して今、精算しよう」というとき、もらうべき金です。

支払い出来高は、協力会社と注文書をもとに取極された作業内訳を査定した支払うべき金のことです。

よく「出来高を上げろ！」というハッパをかけているのを耳にします。この意味は「もらうべき金を増やせ」ということです。協力会社の立場では、1カ月の出来高は翌月に入金される金額になるので、「早く、多く」という入金鉄則から当然のことです。

93ページの「出来高を入れた週間工程表」を参考にして、1日の出来高を計算することから始めてください。

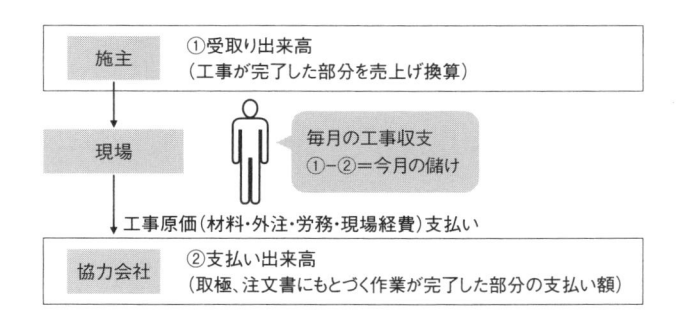

```
施主  ──→ ①受取り出来高
           （工事が完了した部分を売上げ換算）
  ↓
現場       毎月の工事収支
           ①-②＝今月の儲け
  ↓ 工事原価（材料・外注・労務・現場経費）支払い
協力会社   ②支払い出来高
           （取極、注文書にもとづく作業が完了した部分の支払い額）
```

事例　出来高を入れた週間工程表

　この会社の現場代理人のコストへの執着心は強い。上司が「１週間250万円の出来高を上げなければならないのに、50万円不足しているじゃないか。その穴埋めをどうする気だ！」と追及すると、現場代理人は「並行作業をして○○を早めに施工します。空いた日には倉庫の片付けをします」というように、自ら会社にプラスになることを申し出ます。工事部門全体がコストに関心を持っていれば、現場で工夫したり、改善したりして、新しいコストダウンや生産性向上の行動力が１人１人に備わります。

工種	9日(土)	10日(日)	11日(月)	12日(火)	13日(水)	14日(木)	15日(金)	備考
掘削860㎡ 残土搬出 砕石敷均 捨コン打設	休み		←――――――→			←→	←――→	工程の遅れゼロ
主要材料						砕石 30㎥	基礎コン 26.5㎥	ロスが少なかった
使用機械			バックホー1台	バックホー1台	バックホー1台	バックホー1台		
			ダンプ2台	ダンプ2台	ダンプ2台			
労務	1人 測量手元		3人	3人	3人	5人	7人	計22人
支払出来高	2万円	――	18万円	18万円	18万円	25万円	42万円	121万円
受取出来高	0	――	30万円	30万円	30万円	34万円	52万円	176万円
反省	基礎コン打設は搬入路が軟らかくて生コン車が入るのに手間どった。段取りをもっと考えます		□今週の工事出来高　176万円 □累計　830万円			□今週の現場利益　55万円 □累計　95万円		

Q59 出来高調書、支払い調書とは

「調書」とは調べたことを文書にしたものです。したがって、「確かにこの内容は間違いない」という確認、照査されたものということです。「出来高調書」は「出来上がった部分をお金に換算した計算書または数量明細書」と考えられます。その出来高調書にもとづいて、協力会社に支払う金額の内訳をまとめたものが「支払い調書」です。

元請会社にとって、協力会社に支払うお金は毎月チェックされなければなりません。その金額算定には根拠があります。それは協力会社との取極(とりきめ)において契約した注文書の内訳です。

例えば、鉄筋100tの加工・運搬・組み立てという手間代として、500万円で発注したとします。

鉄筋工の実行予算書の例

項目	単価	数量	金額	備考
鉄筋加工・組み立て手間	50,000円/t	100t	5,000,000円	運搬含む
結束線、スペーサーなど消耗品	2,000円/t	100t	200,000円	

次に、出来高調書の例を示します。

鉄筋工の出来高調書の例

項目	外注先	発注単価	数量 発注金額	今月 出来高	累計 出来高	発注残高
鉄筋加工・組み立て手間	○○鉄筋工業	50,000円/t	100t 5,000,000円	30t 1,500,000円	80t 4,000,000円	20t 1,000,000円

今月30ｔの鉄筋が加工・運搬され、すでに配筋されていたという証拠（現場で検査して合格）があれば、出来高として計上します。したがって、現場代理人が現場をチェックしていないと把握できないのです。

　現場を自分の目で見ないで、協力会社の請求書をそのまま鵜呑みにすると、「過払い」ということにもつながるのです。「出来高をしっかりチェックしておけよ！」と上司が厳しくいう意味はここにあるのです。

　では、鉄筋の加工は終了したものの、まだ現場に搬入されていない場合はどうなるでしょうか。

　実はここが取極における支払い条件の大切な記載事項なのです。

　一般には、鉄筋材料が搬入され、品質、仕様の検査が合格した時点で材料代を当月の請求に含めます。加工・運搬・組み立ては配筋検査合格時点で当月の請求、すなわち出来高とみなします。

　また、支払い調書は「この外注会社に今月〇〇円支払います」という根拠となるものです。これは出来高から外注先ごとに支払い金額を記入します。すると、次のように工事原価台帳がまとめられていきます。

外注先支払調書をもとに工事原価台帳へ（イメージ）

外注会社名	項目	実行予算金額 外注契約金額	今月支払い金額 累計支払い金額	外注支払い 残額	メモ
〇〇産業	コンクリートブロック据付工事	3,620,000円 3,400,000円 （①220,000円）	1,400,000円 2,280,000円	1,120,000円	追加工事を協議中

ポイント

●実行予算金額と外注契約金額の差がどれだけあるか
　（→①220,000円　実はこれが現場の利益の源である）
●支払い残額がいくらあるか（→予算をオーバーしないための金額の枠）
●今後変更がありそうか（→追加・変更は別契約になるので注意する）
というのが目のつけどころです。

Q60 出来高査定とは

「出来高」(工事が完了した部分を売上げに換算したもの)が適切かどうかを「出来形」(売上げに相当する工事の完了部分)によって確認することです。

受取り出来高は、発注者(注文者)から仕上がった部分の「もらうべきお金」のことです。この査定は、例えば、上棟したとき60％とか、鉄骨建方(たてかた)が完了したとき35％とかというように、基準を決めてその時点で出来高請求することもあります。

あるいは、土木のコンクリート構造物の場合、コンクリートを100％打設完了したときを分母にして、出来上がったコンクリート構造物の出来形部分を分子にした割合で進捗率(しんちょくりつ)を出し、コンクリート1㎥当たりの単価をもとに計算して請求出来高金額とすることもあります。

次に、元請会社の立場で協力会社からの出来高を査定する場合を考えてみましょう。

注文者の内訳書に記入されている作業や材料納品などが完了したことを現場確認し、その金額を計算することで、その月の出来高金額が算出されます。

問題となるのは、例えば、サッシや鉄骨のように工場加工した場合です。協力会社の負担で材料を購入して加工するので、その間に費用負担が生じているからです。一般には、材料購入代を取極(とりきめ)でいつ支払うかを明示します。「工場検査実施後、材料費と加工費を出来高として計上する」というように、注文書の支払い条件に記入しておくと、お互いに納得します。

協力会社は資金繰りに苦しくなると、元請会社に出来高を多くしてほしいとお願いにくるケースがあります。しかし、現場の判断で、ごまか

して多く支払ってしまうと、問題が生じた場合でも支払った金銭は取り戻すことができません。

　出来高査定のフローは、次のようになります。

出来高査定のフローの例

```
協力会社        ┊        現場
               ┊
               ┊        ┌─────────┐
               ┊        │ 実行予算書 │                              比較
               ┊        └────┬────┘
┌──────┐     ┌──────────────┐     ┌──────┐
│ 請負契約 │────→│請書・見積条件書など│────→│注文内容│←─┐
└──────┘     └──────────────┘     └──────┘  │
┌──────┐     ┌──────────────┐     ┌──────┐  │
│施工・納品 │────→│ 日報・実績表など │────→│ 出来形 │←─┤
└──────┘     └──────────────┘     └──────┘  │
┌──────┐     ┌──────────────┐     ┌──────────────────┐
│  請求  │────→│    請求書     │     │進捗管理表（出来高管理表）│
└──────┘     └──────┬───────┘     └──────────────────┘
                    │
                    ▼
               ┌─────────┐   No   ┌─────┐
               │ 出来高査定 │──────→│ 調整 │
               └────┬────┘        └─────┘
                  Yes
                    ▼
               ┌─────────┐
               │  支払い  │
               └─────────┘
```

Q61 注文書の役割は

　「注文書」は元請会社が下請会社に施工や作業の一部(工事の部分的なまとまりや型枠、杭などの外注専門工種)を任せる場合、その工事請負契約としての効力を持つものです。一般には、下請工事請負契約と同じ役割があります。

　元請会社が下請会社に施工や作業の一部を契約する場合、お金の交渉をします。それを「取極(とりきめ)」と呼びます。「この単価で、この条件で、この作業の範囲を責任を持って実施してもらいますよ」というルールを決定することです。「取決」と書くこともあります。

　「注文書」は発注書と同じ意味で、次のような法的効力を持ちます。

　建設工事請負の法的根拠は民法632条で定められています。分かりやすくいえば、仕事を完成させる約束をすることであり、民法633条では、仕事を完成させないと報酬請求はできないという内容を含んでいます。

　では、どこまで施工を完了したらその代金がもらえるかは、この注文書の支払い条件によります。例えば「出来高に応じて月別に代金を支払う」とか、「前払金を10％、作業完了後に残り90％を支払う」というように取極めます。

　次の図は、施主(発注者)と元請会社、元請会社と下請会社という重層下請の構図を表しています。元請会社以下の工事契約の多くは「注文書」によって行われます。一方、施主から請負った工事は多くの場合、「工事請負契約」という呼び方で区別します。

　従来、元請会社に対して、下請会社という呼び方をしていましたが、最近は協力会社、パートナーと呼ぶようになってきました。

　また、元請会社を「総合建設会社」、下請会社を「専門工事会社」といういい方で分かりやすく区別することもあります。

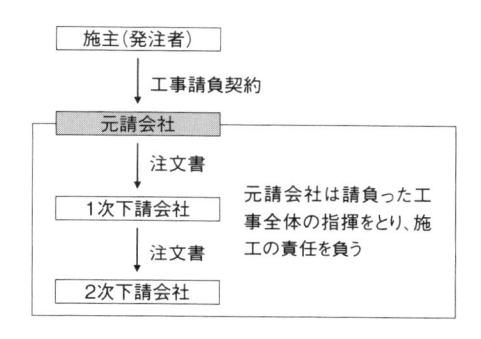

```
施主(発注者)
    ↓ 工事請負契約
元請会社
    ↓ 注文書         元請会社は請負った工
1次下請会社           事全体の指揮をとり、施
    ↓ 注文書         工の責任を負う
2次下請会社
```

　建設業特有のこの関係をしっかりと理解することが、建設業で生きていく基本知識です。片務的な契約（お互いが対等ではない条件で契約すること）という昔からの悪しき習慣を改善する政策が進められています（112ページ参照）。

　トラブルを防ぐポイントは、次のとおりです。

　注文書の内容はあいまいになりがちなので、双方が話し合って、作業範囲、作業条件、価格、変更の場合の処置など、トラブルにならないよう内容を決めて記入すべきです。

　価格に関連づけて施工計画と考えると、その重要性と意味が理解しやすいでしょう。

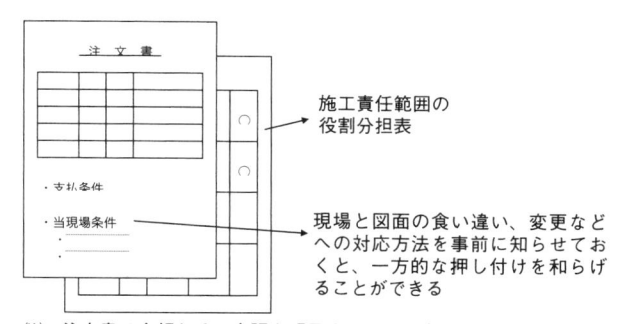

注文書
- 施工責任範囲の役割分担表
- 現場と図面の食い違い、変更などへの対応方法を事前に知らせておくと、一方的な押し付けを和らげることができる

(注) 注文書は金額とその内訳を明示することが多い。さらに
　　元請会社と下請会社の施工品質責任、点検などの役割分担
　　を一覧表にしたものを添付するとトラブル防止に役立つ

Q62 注文書と注文請書の関係は

「注文書」には、申し込みという意味があり、「注文請書（請書）」には、その申し込みを引き受けたという承諾の意味があります。したがって、請書がなければ一方的な申し込みに過ぎないのです。注文書と請書は一対のものと理解することです。

協力会社に仕事を依頼することを「発注する」「注文する」といいます。25ページで解説したように、多くの場合、下請工事は注文書で発注されます。

では、一方的に元請会社が無理な金額を入れた注文書を発行したら、下請会社は断ることができないのでしょうか。このような片務的な契約を防止するために、請書があるのです。すなわち、「この見積もり内容で工事をお願いしたい」と元請会社からの申し込みを受けた下請会社が、「よし、引き受けた」と意思表示した証拠が請書なのです。

注文書で、工事金額の内訳や施工条件が明確になっていないと、あとでトラブルのもとになります。したがって、内容をよく確かめずに印を押して請書を返送したら、その内容で承諾したということになり、文句をいっても後の祭りです。中身を十分吟味することが必要です。

では、請負契約で義務づけられている収入印紙は、注文書と請書のどちらに貼ればいいのでしょうか。答えは請書だけです。請書を返送した時点で、注文書という申し込みを承諾し、契約が成立したと法的に判断されるからです。

次の例を参考にして、コスト追求を考えてみましょう。

ある下請会社が注文書を受け取りました。請書には収入印紙を貼らなくてはなりません。この収入印紙代を節約するために、妙案が浮かびました。

工事請負契約の収入印紙代は、工事請負金額300万円超〜500万円以下は2,000円、500万円超〜1,000万円以下は1万円、1,000万円超〜5,000万円以下は2万円、5,000万円超〜10,000万円以下は6万円という規定になっています。

　5,350万円の工事を受注したときは、6万円の収入印紙を請書に貼付しなければなりません。そこで、元請会社に次のようにお願いしました。

「4,950万円の工事と400万円の工事に分割してください」

　工事を分割する場合には相応の理由が必要ですが、これにより、合計2万2,000円の収入印紙代で済みます。差し引き3万8,000円の節約になりました。

　この3万8,000円は、経常利益率1％の会社なら、実に380万円の工事に匹敵します。税を考慮すれば、それ以上の工事から生まれる価値に相当します。

　このような発想で努力することが「必死」というのでしょう。

COLUMN

ちりも積もれば

　請求金額の端数を切り捨てる場合と、切り捨てない場合ではどれくらい違うのでしょうか。

　ある会社で年間およそ1,000件の小口工事（数万円から数百万円の工事）があり、協力会社からの請求書が3,000件あまり届きます。注文書の条件に「1000円未満の端数は切り捨てます」と明記をして切り捨てたら、切り捨てない場合と比べて、何と100万円近くの差があったそうです。

Q63 過払いとは

過払いとは、出来高以上の支払いをすることです。実際の工事の進み具合と比べて余分に支払うことをいいます。

96ページの「出来高査定とは」というQを参照してください。例えば、管敷設工事100mのうち30mが完了したとします。5万円/mの単価で取極した場合（注文書で契約）、150万円が支払出来高金額となり、もし200万円を支払ったとすれば、50万円が過払いになります。

支払った時点で工事が中止になり、精算しようというとき、過払い分を協力会社から取り戻すのは難しいため、注意が必要です。ビジネスの世界ではお金を冷静に管理しなければなりません。

例えば、「今月は従業員が盆休みになり、帰省費を支払わなければなりません。出来高を少し上乗せしてください」と協力会社から要望されたら、あなたはどう判断しますか。

自分のお金と会社のお金を混同しないことです。会社のルールに従って、適切な判断をすべきです。そのときの判断は、過払いをしないことが原則なのです。

Q64 協力会社への留保金とは

　元請会社は、協力会社への支払いに際して、一般に出来高の5％、あるいは10％を留保します。留保金（保留金ともいう）には、万一、手直しや未成部分が生じたときの担保としての役割があるからです。

一般的に、次のように支払い出来高の10％を留保して支払い額とします。

契約金額	今月出来高	累計出来高	今月支払額	累計支払額	留保金
5,000万円	500万円	3,000万円	450万円	2,700万円	300万円

　大手ゼネコンは、出来高相当を全て支払ってしまうと、やり残しがあったときに後回しにされ、工事完成に支障をきたすおそれがあるので、留保することが多いようです。地場ゼネコンでは、パートナーとして信頼できる協力会社の場合、出来高相当を100％支払うこともあります。

　ビジネスの厳しさを考えると、お互いのリスクをどこで負うのかという、しのぎ合いが垣間見られるのも無理からぬ話です。この留保金は、工事完了引き渡し後に精算されるので、作業が完了した最終月に留保金が加算されることになります。

　一方、引き渡し後の精算時に「廃材が出たから、お宅の出来高から差し引くよ」とか、「共通足場経費を今月差し引くよ」という当初の取極（とりきめ）条件にない理由で、一方的に請求金額を減額することは、建設業法で禁止されています。

Q65 請求漏れ、過払いをなくす方法は

　お客様への請求漏れや、協力会社への過払い（かばらい）をなくすには「工事管理台帳」を正確に作成することが大切です。台帳には、工事1件ごとに入金予定日、支払い予定日を書き、定期的（1カ月ごと）に更新します。工事担当者が常に正しい情報を持つことが大切です。

　請求漏れや過払いは、管理が不十分な企業では起こりがちです。これを防ぐためには、次の対策が有効です。

- 「受注報告書」を全受注案件について作成する
- 受注案件すべてに工事番号を付ける
- 顧客との契約時に、入金予定日と予定金額を決定する
- 協力会社との契約時に、支払い予定日と予定金額を決定する
- 協力会社からの請求書に、工事番号を付けてもらう
- 請負金額の変更や工期の変更時には、「受注報告書」を改定する
- 工事管理台帳をもとにして、関係者による進捗（しんちょく）管理会議を毎月開催する。工事管理台帳には、次の内容を記載する

○年○月度　工事管理台帳

工事番号	工事名称	工期	発注者名	営業担当者名	工事担当者名	請負金額	増額減額見込金額	実行予算出来高	実行予算金額	入金予定金額	入金済金額	残工事費（見込）	累計工事費（見込）	支払い予定金額	支払い済金額

Q66 協力会社の評価方法は

協力会社の評価は、良い会社を選定し、悪い会社を排除するために行います。評価結果は発注方針に反映し、評価の良い業者へ優先的に発注します。逆に、評価の悪い会社は改善指導が必要です。改善されなければ、発注を控えます。

誰でも良い協力会社を使い、悪い協力会社は遠ざけたいと望んでいます。工期を守らなかったり、ミスが多かったりする協力会社では困ります。協力会社の評価に当たっては、経営状況や施工実績を主な対象にします。

協力会社の評価には、初めて発注する協力会社の評価(新規会社評価)と、継続して発注している協力会社の評価(既存会社評価)があります。施工後の既存会社評価でランク分けを行い、発注方針に反映します。Aランクの協力会社を増やすように、発注量を調整したり、協力会社の教育・指導をします。

次に、協力会社の評価の活用例を上げます。

協力会社の評価のフローの例

```
〔新規会社〕              〔既存会社〕
                         Aランク、Bランク、Cランク
    ↓                          ↑
選定基準              協力会社のレベルアップ
Aランクへ優先発注      Aランクを増やす
    ↓                          ↑
発注契約              協力会社の教育ニーズ・指導
    ↓                          ↑
納品・施工             Dランクは
    ↓                 原則的に発注しない
既存会社の評価 ──────────→
```

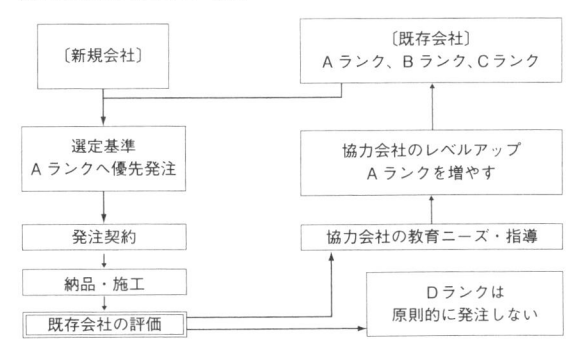

第5章 購買における原価管理

Q67 協力会社との望ましい関係は

　長期的に見れば、良い協力会社と協力し合って市場を勝ち残っていくことが重要です。コストを叩いて、ただ安ければいいと協力会社を使っていては、困難な仕事や新しい技術への挑戦などへの協力は望めません。

　発注方針では、良い業者を囲い込むことが重要です。現場ごとに、その場その場の契約をしていたのでは、良い業者を囲い込むことはできません。自社として、どの協力会社を優先的に扱い、継続的な発注をしていくかを基本方針として決めることが重要です。

　協力会社への継続的な発注によって、自社と協力会社の情報が共有され、生産性の向上など仕事上のメリットも生まれます。

　協力会社の選定は、年間の工事量、施工範囲、協力会社の動員力などを考えて、バランスをとりながら決定しなければなりません。

　囲い込みと新規開拓は、発注方針を立てて計画的に実施することです。次に、その考え方を示します。

囲い込みと新規開拓の考え方

協力会社との関係の強化(提携、囲い込み)

既存会社	新規会社		
●囲い込み 優先的、計画的、継続的に発注し、パートナー関係をつくる	●良い協力会社を新規開拓 既存会社との競争環境をつくる	優秀な会社	選別と淘汰
●教育・指導 既存会社との良い関係を維持する	●悪い会社の事前選別 自社の評価基準に適合しない会社を除く	劣悪な会社	

Q68 評判の悪い協力会社を採用する場合の注意点は

顧客（発注者）が指定してきた協力会社を、ただ拒否することはできません。会社評価を行い、評価が悪いことを顧客へ伝えます。それでもその会社に発注してほしいという要望があれば、検査を厳しくするなど、管理の精度を上げて施工管理を行います。

顧客が指定した協力会社を評価して不合格であれば、まず、そのことを顧客に伝えるべきです。協力会社を評価して不合格になっても、顧客の知り合いだったり、取引関係があったりして、発注せざるを得ないケースもあります。その場合には、今回限りの発注とすることにします。

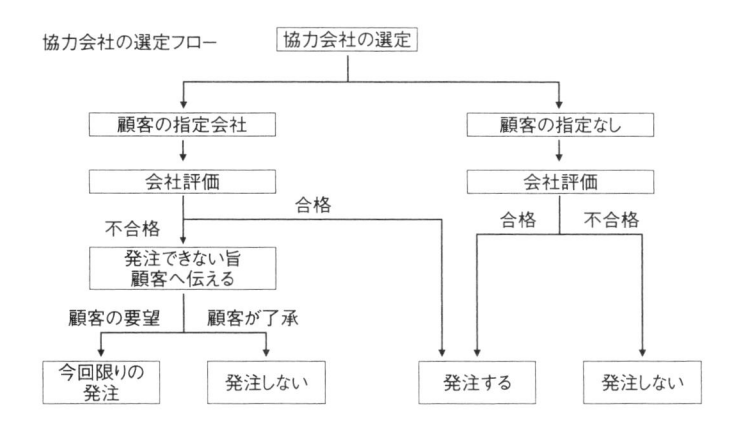

協力会社の選定フロー

```
                    協力会社の選定
                         │
        ┌────────────────┴────────────────┐
    顧客の指定会社                      顧客の指定なし
        │                                   │
     会社評価                             会社評価
        │         合格                   ┌──┴──┐
   不合格│                              合格   不合格
        │                                │      │
   発注できない旨                         │      │
   顧客へ伝える                           │      │
        │                                │      │
  顧客の要望  顧客が了承                   │      │
     │        │                          │      │
  今回限りの  発注しない                  発注する  発注しない
   発注
```

協力会社の評価が低い場合は、施工管理の精度を高めます。施工管理やチェックを厳しくしても問題が生じた場合には、顧客にそれとなくいって、顧客に貸しをつくりましょう。事前に指定会社の評価が低かった旨を顧客に伝えてあるからこそ、優位な立場にたてるのです。事前に話していなければ、元請の施工管理の問題にされてしまいます。

Q69 元請と協力会社の責任範囲は

元請と協力会社の施工範囲や施工条件が明確になっていなければ、施工中にトラブルになる可能性があります。見積もり条件書のようなフォームを作成して、見積もり条件を明確にしてから契約をします。よく契約する協力会社の場合は、基本契約を交わしておくと便利です。

元請と協力会社の施工範囲や見積もり範囲が明確でなければ、工事中にどこまで施工するのか、小運搬は入っているのか、他の業者との取り合いはどちらが施工するのかなど、トラブルになってしまいます。

もし、実行予算内に収めて発注した後に「協力会社から施工範囲に入っていない」とか、「取極外だから常用になる」ということで、新たにばらばらと追加費用が発生したら、予算管理は難しくなってしまいます。あらかじめ見積もり段階で、元請会社と協力会社の責任範囲を明確にしておくことが必要です。

見積もり条件書を使うことによって、請負契約で責任範囲を明確にするとともに、取極から漏れがないようにします。次の表は、元請とエレベーター会社との見積もり条件書の例です。

元請とエレベーター会社との責任範囲の例

エレベーター工事の責任範囲	元請	協力会社
① 施工計画図の作成		○
② 仮設足場		○
③ 三方枠のモルタル埋め	○	
④ 仮設電気の提供	○	

Q70 なぜ発注時の管理が重要か

　発注してしまったら、その原価分の予算は使ってしまったことになります。発注時には施工範囲に漏れがないか注意して、予算内で発注するように管理します。また、常用人工や材料は、発注時に予算との差異を把握しておくようにします。

　予算は使ってしまったらもう取り戻せないので、事前に実行予算内に収める検討が必要です。実行予算の予算実績管理を支払いベースで行っている会社があります。請求書による支払いを経理部門が集計し、それをもとに利益を予測しています。これでは、使ってしまった原価の集計であり、場合によっては対応が遅れてしまうこともあります。

　協力会社と請負契約を結ぶときには、実行予算項目ごとに対比し、発注金額をチェックします。発注時に対処せずに契約してしまったら、後戻りはできません。発注時に見積もり条件を明確にし、常用や追加工事がないように請負契約を結びます。発注時に実行予算内に収まるように管理しなければなりません。

　常用人工や資材などの発注についても、発注時に把握して管理せずに、使ってしまったら後戻りはできません。実行予算は家計簿と同様に、発注するときに累計を把握し、予算実績対比をしながら管理します。

発注時に実行予算の予算実績管理を行う

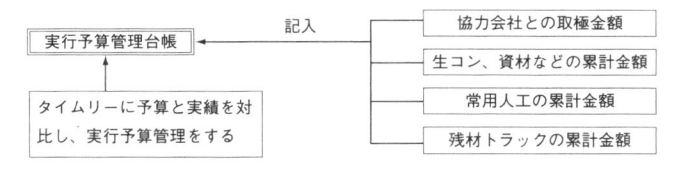

```
                                    記入   ┌─ 協力会社との取極金額
    ┌─────────────┐  ←──────┼─ 生コン、資材などの累計金額
    │ 実行予算管理台帳 │              ├─ 常用人工の累計金額
    └─────────────┘              └─ 残材トラックの累計金額
           ↑
    ┌─────────────┐
    │ タイムリーに予算と実績を対 │
    │ 比し、実行予算管理をする │
    └─────────────┘
```

第5章 購買における原価管理

Q71 相見積もりの注意点は

相見積もりの注意点は、見積もり条件をそろえることです。条件がそろっていないと、見積もり金額が安くても、数量が不足していたり、施工範囲から漏れていたりすることもあります。また、一番安い見積もり金額であっても、その金額が適正であるとは限りません。適正価格の判断には、広い情報収集が必要です。

相見積もり（見積もり合わせ）は、複数の協力会社から見積もりをとり、価格の比較をして価格を削減し、適正な価格で契約するために行います。相見積もりにより価格競争をさせて価格を下げさせたり、提案を促したりします。

協力会社へは「相見積もりであり、価格がもっとも安くなければ発注できない」と伝えて、真剣に見積もるように促します。競争相手がいない場合といる場合では、出してくる金額にも差が出るでしょう。

相見積もりをする場合の注意点は、見積もり条件をそろえることです。見積もり条件がそろっていないと見積もり金額が安くても、数量が不足していたり、施工範囲から漏れていたりすることもあります。見積もり依頼のときに見積もり項目と数量が提示してあると、見積もり書の比較がしやすくなります。見積もり条件ができるだけ統一できるように、見積もり条件書などで伝えます。

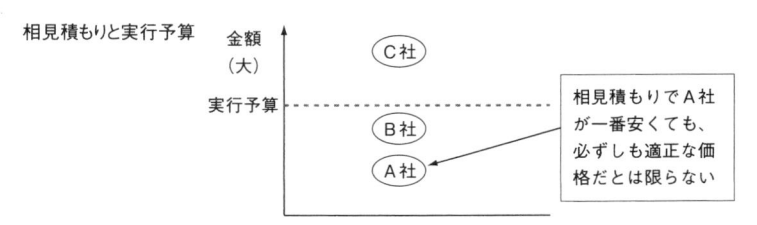

相見積もりと実行予算

相見積もりでA社が一番安くても、必ずしも適正な価格だとは限らない

※相見積もりをしても実行予算内に収まらなければ、さらに検討が必要

Q72 材工と分離発注の違いは

　材工(ざいこう)で発注すると、協力会社が材料を手配し管理してくれるので手間がかかりません。一方、元請が材料を手配し、協力会社からは労務だけの提供を受ける材料・労務の分離発注という方法では、元請が材料を安く入手できればコストダウンになります。元請の材料管理の手間は大きくなるので、トータルで費用対効果を考えて実施しますが、コストダウンの1つの検討事項です。

　鉄筋工事では、元請が材料を集中購買で手配し、鉄筋業者に支給する材料・労務の分離が多く、型枠工事では、型枠業者に材料と労務の両方を材工で発注する場合が多いようです。

　仮に型枠工事を材料と労務に分離した場合、元請に材料管理の煩雑な仕事が生じます。コンパネ、桟木(さんぎ)、パイプ、サポート、フォーム帯などの数量を拾い出し、段取りします。また、セパレーター、Pコン、釘などの金物も拾い出して、不足がないように注文します。

　型枠業者は自分持ちの材料ならば、コンパネや桟木の切断も無駄がないように考えながら大切に使います。元請持ちの材料であれば、生産性が上がるように材料を使ってしまうことも生じます。

　材料管理という手間をかけても、材料と労務を分離したほうのコストダウン効果が大きい場合に、材料・労務の分離発注にする意味があります。

Q73 建設業法における下請契約の禁止事項は

　公正な下請契約を締結するため、建設業法では、自己の取引上の地位を不当に利用して、通常必要と認められる原価に満たない金額で契約を締結したり、一定の見積もり期間をとらずに契約を締結したりすることを禁じています。

国土交通省では「建設業法令遵守（じゅんしゅ）ガイドライン」を策定し、不当に低い請負代金、指値発注、赤伝処理などの不適正な行為を行わないよう、注意を促しています。建設業法上違反となるおそれがある行為として、次のような例を上げています。

建設業法から見た下請契約のポイント
① 不明確な工事内容を提示して、あいまいな資料で見積もりさせたり、施工現場の状況とかけ離れた工期や施工方法を指定してはならない
② 自己の取引上の地位を不当に利用して、通常必要と認められる原価に満たない金額で取極（とりきめ）してはならない
③ 下請契約後に材料の購入先を指定して、協力会社の利益を損ねてはならない（契約前に指定することは構わない）
④ 協力会社の瑕疵（かし）ではないのに、工事のやり直しを一方的に命じることをしてはならない（協議して費用を支払う場合は除く）
⑤ 追加変更工事は、その都度文書による内容の確認と見積もり金額を協議して施工にあたる（「後でお金を決めよう」というあいまいな契約はトラブルのもとになる）
⑥ 支払い期日は、引き渡し申出日（出来高請求をした日）から50日以内に支払う。例えば、月末締め切りの翌々月20日支払いという期間が最長といえる

Q74 協力会社との取極交渉のコツは

　見積もりの中身を要素分解（一般に材工分解を意味する）して金額、数量、歩掛り（生産効率）、ロス率などを互いに追求していくことです。

型枠2,000㎡について取極交渉する場面を考えてみましょう。

114ページの表のように、労務、材料、経費などの内訳に分類し、その中で1つずつ施工条件の有利・不利を検討していくのです。

協力会社にとって不利な条件を元請会社の段取り、協力によって少なくするよう努力すべきです。一方、元請会社の利益が確保できない場合は、効率が上がるよう作業変更を提案したり、無駄を省く知恵を一緒に考えていくことが重要です。

この考え方は「元・下の共存共栄」「パートナーシップ」と呼ばれています。お互いの立場を尊重する考え方が基本にあってこそ、取極交渉は良い方向に進んでいくのです。また、これらの交渉には過去の実施例、歩掛りデータを活用するほか、交渉窓口を絞って会社として対応していくことが肝心です。

COLUMN

協力会社との交渉を優位に進めるには

　協力会社やメーカーとのネゴ（交渉）を優位に進めるには、適正価格を把握することよりほかに方法はありません。そのためには、最初から協力会社やメーカーから見積もりをもらってはいけません。まず、自分自身で原価を把握することが重要です。そのためには、原価情報をデータベース化し、適正原価を把握しておくことが大切です。

型枠の取極交渉のための検討資料

		初回		2回目		3回目
		金額	交渉ポイント	金額	交渉ポイント	
見積金額		6,000,000円		5,000,000円		
内訳		(3,000円/㎡)		(2,500円/㎡)		
	労務費	4,000,000円	9㎡/人は能率が低過ぎるのでは	3,200,000円	労務単価18,000円/人とすると、12㎡/人となる	
		(2,000円/㎡)	12～14㎡/人が類似例で実証されている	(1,600円/㎡)		
	材料費	800,000円	転用10回を計画している	700,000円	コンパネを廃材(チップ)処理するのに費用を要するので、これで妥協した	
		(400円/㎡)	役物のない設計なので無駄がない	(350円/㎡)		
	機械・道具設備費	200,000円	これ以上出せない	200,000円	OK	
		(100円/㎡)		(100円/㎡)		
	運搬費	400,000円	材料置場とクレーンがいつでも使えて小運搬が少ない	300,000円	材料の仮置きを工夫できるので安くなった	
		(200円/㎡)		(150円/㎡)		
	経費	600,000円	この経費10%相当は利益を含んだものとする	600,000円	OK	
		(300円/㎡)		(300円/㎡)		
	利益	───				
		(経過) 3Fの開口部が少なく、直線が多い建物なので、もっと労務歩掛りが向上することを過去のデータをもとに交渉した。過去の類似例で平均12.5㎡/人だった。これを提示して次回まで検討をお願いした		(経過) 若手が少なく、高齢者職人が多くなって、能率が良くならないとのこと。ただし、12㎡/人を目指すので、これで納得してほしいとのこと。一見厳しい単価のようだが、支払いを月末締め切り、翌月5日現金100%支払いなのでメリットあることを強調した		

Q75 現場担当者の人件費はどこから出ているか

　現場担当者は社員であるため、どの現場に配置されても、その人件費は会社としての支払いになるので、どこから出ていても変わらないと思われがちです。ところが、現場ごとに個別原価計算をとり、工事ごとに収支を明確にするなど、工事採算を厳しく管理している会社では、現場の責任を現場所長にとらせます。このため、現場所長は担当者を必要以上に配置しようとはしません。

忙しい現場に応援の社員を派遣すると、その分、現場の人件費がアップします。実行予算書で20人・月と施工管理人件費が明示されていれば、10カ月の工期なら2人が担当する予算額しか含まれていません。

もし、3カ月間、2人の応援が来ると、6人・月、すなわち6カ月分の人件費を工事原価に追加しなければなりません。工事の収支（損得）責任を担う現場所長は躊躇するでしょう。このため、本当に必要な期間だけ応援してもらうように工程を再チェックします。

一方、社員の現場担当者が次の工事に従事することなく待機していたら、どうなるでしょうか。会社はこの現場担当者の人件費を現場から支払おうと計画していたため、会社にとっては余分な（計画外）支出となります。

このため、会社の経費が予算以上に膨らむことになり、現場の粗利益アップによって、この余分な経費相当を負担しなければなりません。

要するに、現場で働く社員は工事に従事していることが、経費増加を防ぐ第一条件なのです。例えば、雪のため3カ月間は工事がない地域では、往々にしてあらかじめ会社経費にこの人件費を上乗せしておきます。したがって、9カ月で12カ月の働きをしなければなりません。

Q76 固定費と変動費とは

建設会社は工事受注ゼロでも支払うお金があります。社員の人件費、会社経費（家賃、税金、通信費、保険など）などです。これらを固定費と呼びます。一方、工事を開始すると出ていくお金があります。その工事の材料費や外注費などです。これらは受注しなければ発生しないお金です。これを変動費と呼びます。

次のグラフは、会社が１年間に必要とする固定費（ここでは社内人件費と販売経費・一般管理費の合計とする）が、毎月の工事出来高から生まれる粗利益でまかなえるかどうかを示したものです。

毎月の獲得粗利益

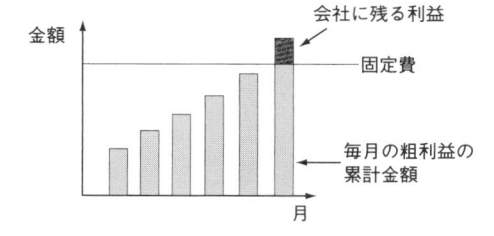

金額　　　　　　　　　　　　会社に残る利益
　　　　　　　　　　　　　　　固定費
　　　　　　　　　　　　　　　毎月の粗利益の
　　　　　　　　　　　　　　　累計金額
　　　　　　　　　　　　月

いま、10件の工事で8,000万円の粗利益が確保されているとします。

すでに10カ月が過ぎ、決算までは残り２カ月です。この２カ月で、5,000万円の工事出来高が見込まれています。この会社の１年間の固定費が9,000万円だとすると、5,000万円の工事出来高の粗利益を加えた額が、固定費を上回らなければなりません。それ以上が、会社の利益になるわけです。

すると、（9,000万円－8,000万円）÷5,000万円＝20％という計算式から、２カ月5,000万円の工事出来高で、粗利益20％以上が至上命令とい

うことになります。

　これから分かることは、工事を完成させることで獲得する粗利益（現場に残ったお金）で固定費をまかなえるかどうかが、経営の基本的な考え方だということです。

　参考に、工事原価の内訳から固定費と変動費を分解してみましょう。

　次の図のように、現場から支出される大部分が変動費です。およそ70％を占めています。この変動費の中には工期の短縮によって支払い額が減るものもあります。現場はこれらをコストダウンの対象にすべきです。

　自らの実行予算の中身を分解して見ることで、コストダウンのヒントがつかめるのです。

工事原価の固定費と変動費の区分

利益		2％
一般管理費	固定費	12％
現場経費	固定費　人件費など	6％
現場経費	変動費　事務所、仮設など	6％
機械、資材	社有は固定費　リースは変動費	14％
労務費	直営は固定費	
材料費　外注費	変動費	60％
工事請負金額		100％

第6章　工事収支と経営・利益確保の関係　117

COLUMN

なぜ格安航空券が売られているのか

　固定費と変動費の応用として、なるほどという例を紹介しましょう。
　いま、日本〜ハワイ間の正規往復航空券を30万円とします。ある日の定期便は400人定員で30人しか正規運賃の予約が入っていません。
　この定期便の運航にかかるコストは、機材（飛行機の減価償却費やメンテ・維持費など）、パイロット、キャビンアテンダント、そのほか空港離発着使用料、燃料代などの固定費が、1往復で2,000万円とします。この固定費は乗客1人でも400人でも変わりません。これがポイントです。
　一方、変動費は機内食などほんの一部です。

● 正規運賃の乗客は30人 ⇒ このままでは売上げ900万円となり、赤字は
　　　　　　　　　　　　▲1,100万円です。

　そこで、乗客を増やすためにはどうするかです。

● 10万円の安売チケットなら 50人 ⇒ 売上げ ＋ 500万円
● 5万円の安売チケットなら100人 ⇒ 売上げ ＋ 500万円
● 3万円の安売チケットなら200人 ⇒ 売上げ ＋ 600万円

　と想定すると、正規運賃の30人分（900万円）を加えると、全部で2,500万円になります。こうして、3万円のチケットが存在するのです。

Q77 損益分岐点とは

損益分岐点とは、付加価値（粗利益）と経費が一致したところをいいます。つまり、ある一定の売上げを超えなければ、社員給与などの経費として使ってしまい、会社に利益は残りません。

損益分岐点を理解するために、簡単な例をあげて説明します。

あなたは、夏の暑い日、アイスクリーム売りの商売を始めたとします。実際にはさまざまな経費がかかりますが、話を単純化して商品の仕入れ代金と販売するアルバイト１人の賃金を原価とします。アイスクリームの仕入れ値を1個50円、アルバイト代を1日10,000円とします。アイスクリームを1個100円で売ると、200個売ったときが損益分岐点になります。

それは、次のような等式に表されます。

あなたのアイスクリーム事業の損益分岐点

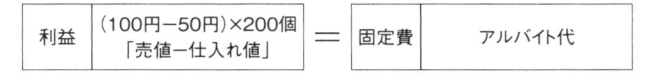

利益	(100円－50円)×200個「売値－仕入れ値」	＝	固定費	アルバイト代

１個当たりの利益が50円で、200個売ったときに10,000円になり、アルバイト代10,000円を支払って、プラスマイナスゼロになります。

201個目から利益が出始め、１個売れるごとに利益が50円ずつ加算されていきます。アイスクリームを工事物件に置き換えれば、これと同じことが建設会社にもいえます。現場の利益の合計が会社の固定費（社員の人件費や会社経費など）を超えることによって事業が成り立つのです。

Q78 減価償却とは

投資したお金を回収していくためには、目減りした金額を適正に算定していくことが必要です。減価償却とは、その基準となるものです。1,000万円の重機を購入したとき、法定耐用年数が5年であれば、毎年200万円の減価償却が行われます。すなわち、1年間でどれだけの価値が消失したかを示す基準です。

機械やプラントなどの設備は、中長期にわたって建設工事に寄与します。仮に利益が2,000万円あった会社が、2,000万円の重機を購入したとき、全額を必要経費として計上すれば、差し引き利益はゼロになり、税金は納めなくてよくなります。そうすると、儲かった会社はみな機械などの設備に投資してしまうでしょう。

これを防ぐには、一定のルールにもとづいて購入した資産に対して目減りした分を費用（損金）として処理し、その費用を課税対象から除外する必要があります。これが減価償却の考え方です。

一定のルールの中に、耐用年数（どれくらい使えるか）があり、適正な算定基準として法定耐用年数が定められています。

減価償却には「定額法」（毎年一定の金額）と「定率法」（毎年一定の償却率）の2つの方法があります。

Q79 損料の決め方は

損料は投資した社内資機材に対して、使用日数（時間）によって回収していく単価のことです。分かりやすくいえば、年間減価償却費・税金・経費などを年間使用日数で割ることで、大まかな1日損料が算出されます。

$$1日損料単価 = \frac{年間減価償却費＋管理費＋税・保険＋修理費}{年間使用予定日数}$$

という計算式をイメージしてください。

例えば、2,000万円で購入した機械を4年で投資回収したいと計画すれば、年間500万円の損料収入が必要です。

しかし、これだけでは赤字です。機械を保有するためのヤード管理人件費、固定資産税・保険などの維持経費、メンテナンスや修理費などが加算されるからです。

そこで、これらの経費100万円を加えて600万円を1年間150日の使用日数で割ると、1日4万円という損料単価になります。

次に、この機械の使用日数や維持費の多少によって、経営にどう影響するかを考えてみましょう。

ケース1

1年間で、予定した半分の75日しか、この機械を利用しなかった場合はどうなるか？

☞ 損料を2倍の8万円にしないと元はとれない。したがって「こんなに高い損料の機械は使えない」と現場からの不満が出てきて、ますます機械収入の赤字が膨らんでいく。

ケース２

現場から「もっと故障の少ない機械に替えてくれ」と苦情が寄せられ、部品交換やメンテナンスに予想以上のお金がかかった場合はどうなるか？

☞ 経費増加分が損料アップにつながる。資機材部（社内資機材の管理部門）は赤字になり、社有機材を持ち続けるべきか、売り払ってしまうべきか迷うことになる。

ケース３

１年間200日以上この機械を使用した場合はどうなるか？

☞ ４万円／日×50日＝200万円以上の社内売上げが増加になる。資機材部門は黒字になり、この儲けは決算で利益として還元されていくので、工事粗利益は増えていくことになる。

このように、社内資機材を現場でどれだけ稼働させられるかが、コストに大きく影響します。したがって、可能な限り社内資機材を使う努力を現場はすべきなのです。

COLUMN

損料と賃料の違いは

損料、賃料とも、機械や車両に投資したお金を使用日数（時間）によって回収していく単価のことです。損料は自社保有の場合、賃料は外部から借りる場合の呼び方です。

Q80 資金繰りとは

現場では「資金繰り」という言葉は馴染みがないようです。ところが、「工事立替金」というとピーンときます。現場では支払いが先行するので、入ってくる金（受け取り金）を待っていられません。そこで、不足したお金を調達してきます。この調達方法、活動を資金繰りと呼ぶのです。

1億円の工事を受注して、前渡金（着手金）1,000万円（10%）をもらったとします。このお金は工事途中で使い切ってしまいます。すると、不足したお金を調達してこなければなりません。工事立替金と同じです。工事をとればとるほど、工事立替金を負担することになり、銀行から借り入れたり、社債を発行したりして運転資金を集めます。

では、工事の途中で中間金がもらえたらどうでしょうか。不足したお金は入金によってまかなえるので、工事立替金の額が一時的に減少します。すると、資金繰りが楽になります。建設会社は多くの工事を同時に管理しているので、終了した工事の代金を支払いに回し、計画的にお金の流れを管理します。経理の大切な仕事です。お金が不足しても、多くを余らせても好ましくないので、このさじ加減が腕の見せどころです。

次に、資金繰りの簡単な例題を示します。

月日	入金日	支払い日	残金
6月1日			2,000万円
6月15日	500万円		2,500万円
6月15日	1,000万円		3,500万円
6月20日			
6月25日		1,000万円	(2,500万円)
6月28日	1,000万円		(3,500万円)
6月30日		3,000万円	(500万円)
7月1日	2,000万円		(2,500万円)

本日は６月20日です。残金は3,500万円です。

　今後の資金出入予定は、25日に1,000万円の支払いがあるものの、まだ2,500万円残っているので、28日に入金予定の1,000万円を加えると、30日の3,000万円を支払うことができます。

　では、本当にこのとおりにいくでしょうか。

　各工事現場から協力会社へ支払う金額は確定しているので、延期すれば会社の信用を失うことになり、まず不可能です。

　一方、入金予定は当てにならないものです。

　28日の入金分1,000万円が、竣工検査遅れで１週間延びれば、30日に支払い予定の3,000万円は資金不足（ショート）になってしまいます。

　現場責任者は工事完成後、工事精算金が、いつ、いくら入ってくるかを確認しておかなければなりません。早めに経理に伝えておくことで、「お金が足りない！　早く借りてこないと！」「なぜ現場は入金日の遅れを知らせないのだ！」という混乱を防ぐことができるのです。

Q81 工事立替金の金利負担の方法は

　工事に要する費用は、毎月決められた日に元請会社からまとめて各協力会社に支払われます。このお金は発注者（施主）からの受け取り金でまかなわれるべきですが、「工事契約」の支払い条件によって、いつどれだけ入ってくるかまちまちです。すると、「工事立替金（たてかえきん）」が生じます。会社は不足したお金を立て替えるために、運転資金を準備しなければなりません。

　入ってくるお金が早く、出ていくお金が遅いほど資金繰り（しきんぐり）は楽になり、余裕資金が生まれます。ホテルや商店、鉄道などの、いわゆる現金商売が好例です。売上げが伸びるほど社内にお金が余ってくるので、設備投資したり、株や不動産に投資して有効に使うことを考えます。

　一方、入ってくるお金が遅く、出ていくお金が早いほど資金繰りは苦しく、売上げが伸びるほど資金不足になっていきます。黒字倒産はこの現象の極端な例です。

　建設会社でも分野によって、2つに分かれます。

　住宅、リフォームなど個人を相手に工事を受注すると、早くお金が入ります。

　企業相手のビル工事などは工事期間も長く、施主からの入金が後になり、立替金が増加します。

　126ページのキャッシュフローの図解を使って、支払い条件をケース別に比較して考えてみましょう。

設定：請負工事金は1億円、着工はその月の1日、工期4カ月。現場工事金は毎月2,000万円ずつで4カ月合計8,000万円。支払い日は毎月末の現金払い

キャッシュフローの図解

ケースA 支払条件＝前渡金（工事着手時）1,000万円、中間金（2カ月目の月末入金）3,000万円、完成後残り（5カ月目の月末）6,000万円

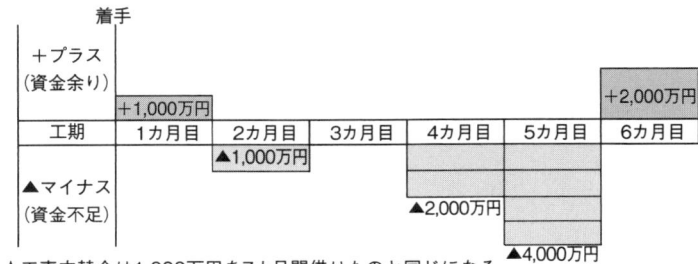

工期	1カ月目	2カ月目	3カ月目	4カ月目	5カ月目	6カ月目
＋プラス（資金余り）	+1,000万円					+2,000万円
▲マイナス（資金不足）		▲1,000万円		▲2,000万円	▲4,000万円	

着手

★工事立替金は1,000万円を7カ月間借りたのと同じになる

ケースB 支払条件＝前渡金（工事着手時）1,000万円、完成後残り（5カ月目の月末）9,000万円

工期	1カ月目	2カ月目	3カ月目	4カ月目	5カ月目	6カ月目
＋プラス（資金余り）	+1,000万円					+2,000万円
▲マイナス（資金不足）		▲1,000万円	▲3,000万円	▲5,000万円	▲7,000万円	

★工事立替金は1,000万円を16カ月間借りたのと同じになる

ケースAとケースBの違いは、中間金が3,000万円あるかどうかです。現場は工事原価に相当する分を、施主からの入金の有無にかかわらず支払っていきます。不足したお金が毎月累計されていくので、その金額は増えていきます。

すると、営業担当者は、受注交渉時に支払い条件を吟味して、値引き

に応じても良いのか、あるいは支払い条件を変更してもらったほうが自社に有利なのかを判断できなければなりません。

　この判断の目安は次のとおりですが、とにかく「現金を早くもらうこと」です。

- 工事着手金をより多くもらうこと
- 中間金も回数を多くしてもらうこと
- 現金・手形の比率は、現金を多くしてもらうこと
- 手形のサイト（支払い期日）の長いものは注意すること（120日以内が建設業法上のルール）

　ちなみに、1,000万円を1カ月、金利0.5％で借りた場合、5万円の支払い金利になります。ケースAでは35万円、ケースBでは80万円が、立替金によって生じる目に見えない支出です。

　同じ1億円の工事でも、ケースAとケースBでは45万円の利益の差が出てくるのです。

　さらに、手形による受け取りの場合、現金化されるまでに手形割引手数料を支払ったりすると、工事受注金額の1％相当が金融費用で消えてしまうことにもなります。支払い条件に関心を持ち、お金に強くなることが現場責任者の課題なのです。

　なお、公共工事では前渡金が40％まで可能のため、資金繰りが民間工事に比べて楽です。この仕組みは次の図で理解できます。

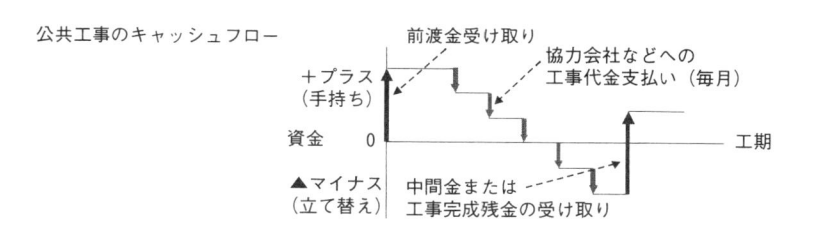

公共工事のキャッシュフロー

第6章　工事収支と経営・利益確保の関係　　127

Q82 1人当たりの利益の重要性は

建設会社にとって1人当たりの完工高を上げることが、利益を上げるために必要になります。ただし、それだけでは利益率が下がった場合、赤字になるケースがあります。結局、1人当たりの利益額が重要なのです。

「現場が忙しいから人を増やしてほしい」という話をよく聞きます。会社は固定費を超える利益を出さなければ赤字になり、会社として成り立ちません。人を増やすということは、その人の分の売上げと利益を増やさなければならないということです。

小規模でも優良な企業があります。1人当たりの利益が大きければ、給与としてそれだけ多く還元することができます。逆に、社員がたくさんいても、利益が出ていない会社もあります。

1人当たりの完工高は、1つの判断基準になります。1人当たりの完工高が少なければ、利益も小さくなってしまいます。例えば、1人当たりの完工高の目標額として、年間、土木で1億円、建築で2億円という建設会社があります。

しかし、1人当たりの完工高は1つの指標になりますが、利益率が悪ければ社員給与などの固定費を支払うと、赤字になってしまいます。1人が稼ぐ利益額を見ることが必要です。1人当たりの利益額を上げるためには、「1人当たりの完工高」とその「利益率」を上げることが必要です。

$$\underset{[1人当たりの利益額]}{\frac{利益額}{社員数}} = \underset{[1人当たりの完工高]}{\frac{完工高}{社員数}} \times \underset{[利益率]}{\frac{利益額}{完工高}}$$

Q83 技術者1人当たりの適切な工事量は

　技術者1人当たりの適切な工事量は、給料と付加価値との関連で算出します。給料の3倍の付加価値を計上するのに必要な工事金額を算出し、それを必要な工事量として定めます。3倍という数値は、会社の経営形態によって多少幅があります。

　次に「業績に対する貢献度」での評価基準を示しました。このように自らの給料との比較で目標を設定することができます。ここでいう給料とは、給与手当に法定福利費、福利厚生費を含めています。
「**人財**」　自らの給料の3倍以上の付加価値額を稼ぐ人
「**人材**」　自らの給料の2～3倍の付加価値額を稼ぐ人
「**人在**」　自らの給料分だけの付加価値額を稼ぐ人
「**人罪**」　自らの給料分の付加価値額を稼げない人

　つまり、給料の3倍の付加価値額を稼ぐことができれば、会社にとっての宝である「人財」になるのです。
　次に、1人当たりの工事量を考えてみましょう。
　20％の付加価値率を確保する会社では、年収500万円の人は
500万円 × 3倍 = 1,500万円　1,500万円 ÷ 20％ = 7,500万円
の工事量を施工することが必要になります。
　また、10％の付加価値率を確保する会社では、年収500万円の人は
500万円 × 3倍 = 1,500万円　1,500万円 ÷ 10％ = 1億5,000万円
の工事量を施工することが必要になります。
　なお、公共工事のみを施工している建設会社であれば、広告宣伝費が少ないので、給料の2倍程度の付加価値でも利益を確保できる場合があります。会社の状況に応じて、その数値を設定してください。

Q84 社員の原価意識を高めるには

社員にやる気を持たせるには、「仕事の価値、目的を感じさせる」「達成感を持たせる」「選択権、責任を与える」「行為を承認する」ことが必要です。原価管理について、これら4つを実践できるような組織にしましょう。

社員にやる気を持たせるには、次の4つが必要です。

① 仕事の価値、目的を感じさせる

　人は価値や目的を知ると、やる気になります。そこで、利益を出すことや原価を低減することの価値を教育し、利益を出して会社を継続させなければならないということを理解させなければなりません。

② 達成感を持たせる

　人は達成感を持つと、やる気になります。そのためにも、会社や現場の利益目標を細分化して、小さな目標を設定することが大切です。「本日中に図面を書きあげる」「2時間で測量を終える」「生コンクリートの食い込みを1％以下にする」など日常的に目標を立てることがやる気を高める秘訣です。

③ 選択権、責任を与える

　仕事のやり方を自分で選び、その仕事に責任を持つと、やる気は高まります。権限委譲も重要です。そのためには、次の3つの「見える化」が必要です。
- 目標、計画の見える化：実行予算の内容やその内訳
- 成果の見える化：工種ごとの予算と実績の対比

●評価の見える化：成果を出すとどのように評価されるか

④ 社員の行為を承認する

　利益目標を達成した、新たな施工法を開発した、コストの低い協力会社を見つけたなどの成果に対して、上司や会社が承認すると、やる気が出るものです。承認するとは、給料を上げたりするだけでなく、一声かけるだけでも社員はやる気が出ます。

COLUMN

やる気を高めるためには

　現場で働く人たちのやる気を高めたいというのは誰もが思っていることです。やる気さえ高まれば、コストダウンにつなげることも可能でしょう。

　やる気には、脳の働きの影響が大きいことが分かっています。人間の脳（ハードウェア）はすごい力を持っています。しかし、成功している人も成功していない人も、その脳の力に大きな差はありません。差があるのは脳の状態（ソフトウェア）の違いです。

　脳に良いインプットをして、良い状態を保つと脳の働きは数倍も違うのです。では、脳にどのようなインプットをすればよいのでしょうか。それは、次の3つです。

①ことば　②動作　③表情

　プラスの「ことば」「動作」「表情」がインプットされるか、マイナスの「ことば」「動作」「表情」が与えられるかによって、脳に与える影響は大きく変わります。

　プラスの「言葉」（やれる、できる、ワクワクする）を使うとやる気になり、マイナスの「言葉」（無理、できない、疲れた）を使うとやる気を失います。

　プラスの「動作」（握手、拍手、ガッツポーズ）を使うとやる気になり、マイナスの「動作」（無視、うなだれる）を使うとやる気を失います。

　プラスの「表情」（笑顔、元気）を使うとやる気になり、マイナスの「表情」（暗い、いらいらする）を使うとやる気を失うのです。

　プラスの「ことば」「動作」「表情」を使うことで、働く人たちのやる気を高め、業績向上につなげたいものです。

Q85 技術者に営業をさせるには

　技術者が自分の給料の3倍の付加価値額を稼ぐためには、工事原価の低減とともに、積極的な営業活動を進めなければなりません。そのためには「すぐやる仕組みをつくる」「お客様を見逃さない」「すきま時間を活かす」を実践する必要があります。

　技術者が積極的な営業活動をすれば、原価や仕事の内容を把握したうえで顧客と交渉できるので、商談を有利に進めることができます。このように積極的に営業活動をする技術者のことを「セールスエンジニア」といいます。

　しかし、技術者には営業に対して苦手意識があるため、営業活動をさせるには、難しい場合があります。これを解消するためには、技術者が自信を持って営業活動をできるような仕組みをつくる必要があります。

　技術者が営業を行うためのポイントは、次の3つです。

① すぐやる仕組みをつくる

　お客様の要望に対して、すぐに動ける仕組みが必要です。技術者として担当している現場をフォローしたり、数量算出、見積もり書作成を支援する仕組みが必要です。過去の同種工事、同規模工事、同地域工事などのデータをすぐに閲覧できれば、見積もり書作成の期間を短縮できます。

② お客様を見逃さない

　顧客は、営業マンを敬遠して本音を話したがらないものです。しかし、真摯な態度の技術者であれば、心を開いて本音を話してくれます。その利点を活かしながら、積極的に顧客と接し、原価情報を収集して

見積もり作成などを進めていきます。

③ すきま時間を活かす

　技術者と営業マンの二刀流は、実際にはたいへんなことです。だからこそ、雨の日や発注者から指示を待っている時間などの「すきま時間」を使って動かなければなりません。最低限の原価を把握したうえで、これよりは下げられないというラインを意識して交渉することで、いたずらに交渉期間を延ばさないように配慮することができます。

COLUMN

技術営業の進め方

　現場技術者が営業しなければならないのは、よく指摘されることですが、実際には、時間がない、慣れていないなどの理由から、なかなかできないものです。

　ここで、ある道路舗装会社の例を紹介します。

　この会社の現場技術者は、道路舗装の工程が決まると、その工程に合わせて現場周辺のコンビニエンスストアを訪問します。そして次のようにいいます。

　「駐車場の舗装のへこみを修理しませんか。○月○日におたくの前の道路を舗装します。その時に同時に施工させていただくと通常よりも安くできます」と話すのです。

　多くのコンビニエンスストアの店主は、舗装工事をだれに依頼すればよいのか知らないので、とても助かり、かつ安価なので喜ばれます。

　さらに雨が降ると、この道路舗装会社の現場技術者は、地場建設会社を営業訪問します。雨の日は社長が在社することが多いためです。天気が良いと社長は現場を巡回しますが、雨であれば社内の仕事をしています。そして舗装工事の営業をするのです。

　現場技術者は多忙で、まとまった時間を営業にあてられないものです。だからこそ、すきまの時間を活用した営業をしたいものです。

Q86 ベテラン社員のノウハウを活用するには

ベテラン社員の経験や施工ノウハウを活かせば、コストダウンや施工管理に大いに役立ちます。社内のどの社員がどのような経験を持っているか調べておいて、常に質問したり、教えてもらったりする仕組みをつくることです。

コストダウンのノウハウには、文書や図で表せるものと、人の中に蓄積されるものとがあります。建設業では経験や実績がものをいいます。特に、人に蓄積されているノウハウを活用することが求められます。

文書化が可能なものは、チェックリストやVEシートの形式にまとめ、工種や実行予算の項目などに分類して、検索できるように整理しておくことが重要です。

ノウハウ（know-how）の蓄積も重要ですが、文書化できないものはノウフー（know-who）という形式で継承していく必要があります。ノウフーとは「それについては誰が知っているか」という意味です。実行予算検討会では、過去にその工法や技術を経験した現場所長に参加してもらい、注意点をアドバイスしてもらいます。誰がどのような工事経歴を持っているかをまとめておくと、ノウフーのデータベースができます。

人材に蓄積されているノウフーを活かす

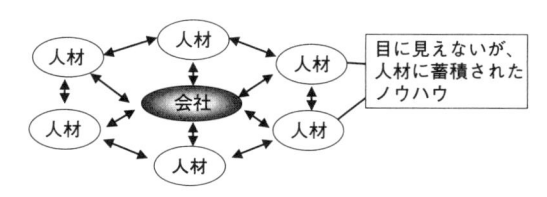

Q87 コストダウンのノウハウを蓄積するには

コストダウンのノウハウが蓄積されなければ、会社は継続的に競争力を増していくことはできません。現場着工時の実行予算検討会、工事中や現場終了時の施工レビュー（再検討）で、コストダウンのノウハウを蓄積していく必要があります。

コストダウンのノウハウが蓄積されなければ、何年経ってもコスト競争力は強くなりません。単なる値引きは、コストダウンのノウハウとはいえません。コストダウンのノウハウは繰り返し使えるものです。全社的に水平展開をすることによって、会社の中で相乗効果が出るものです。

各現場で実証されたノウハウを、実行予算検討会で蓄積していく仕組みが重要です。また、工事中も施工レビューを繰り返し、コストダウンやＶＥ提案を検討すると効果的です。検討した案は実際に施工の中で検証し、さらに改良していきます。工事完了のときも、コストダウンのノウハウを収集する１つの場になります。

実行予算検討会と施工レビューでサイクルを回す

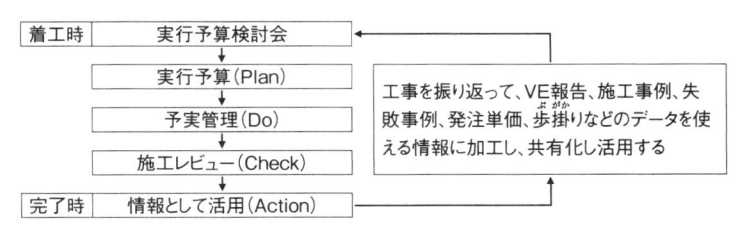

着工時	実行予算検討会
	↓
	実行予算（Plan）
	↓
	予実管理（Do）
	↓
	施工レビュー（Check）
完了時	情報として活用（Action）

工事を振り返って、VE報告、施工事例、失敗事例、発注単価、歩掛りなどのデータを使える情報に加工し、共有化し活用する

コストダウン10カ条

　コストは「利益を生むコスト」と「利益を生まないコスト」とに分けられます。利益を生むコストとは、コストをかけることで業績が上がるコストであり、利益を生まないコストとは、コストをかけても業績が上がらずマイナス要因にしかならないコストです。

第1条　協力業者への外注費——適正価格で発注しよう

　これは基本的には利益を生むコストです。発注金額をやみくもに削減すると、品質低下、工期遅延を招き、手直し、手戻り、手待ち費用増加につながります。そのためにも適正価格を把握することが大切です。

第2条　現場での資機材小運搬費——無計画なコストをかけない

　これは利益を生まないコストです。計画どおりに支出されるコストは問題ありませんが、その場の判断で支出されるコストは無駄なことが多いのです。その代表選手が「資機材小運搬費」です。運送会社に無計画に資機材を搬入、荷下ろしさせるので、使用の都度、小運搬しないといけないのです。

第3条　現場の仮設ハウス、コピー機、机、いす——事務所は利益を生まない

　これらが現場運営の効率化に役立っていれば、利益を生むコストですが、多くの場合、無駄なことが多いです。本社から通えないか、本社やコンビニのコピー機が使えないか、机やいすを社内で再利用しているかなど、チェックしましょう。

第4条　現場での整理・整頓・清掃にかかる費用――5S（整理・整頓・清掃・清潔・躾）が「3ム」をなくす

　整理・整頓・清掃の推進をすることで、ムダ・ムリ・ムラ（「3ム」）の削減につなげます。休憩所の整備をはじめ作業環境整備費など、協力会社、作業員のやる気につながるコストは、利益を生むコストです。

第5条　社員の給料（基本給、残業代）――「人財」を目指す

　成果を出す人（人財）への給料は利益を生むコストであるし、成果を出さない人（人罪）への給料は利益を生まないコストです。

第6条　研修費――「人財」は利益を生む

　さらに成果を生み出す人（人財）にするために必要で、効果的な研修費は、まさに利益を生む費用です。

第7条　社員の福利厚生費（慰安旅行・宴会費用）――定着率を上げよう

　1人の社員を採用するコストは、平均年収の3倍程度かかるといわれます。つまり、定着率が低い会社は、それだけ利益を生まないコストを支払っていることになります。

第8条　広告宣伝費（新聞広告、ダイレクトメールなど）――費用対効果のチェックが必要

　費用に対して売上げアップへの効果が高い広告宣伝費は、利益を生むコストです。効果が低い広告宣伝費は、利益を生まないコストです。費用対効果を綿密に分析する必要があります。

第9条　顧客へのお歳暮、お中元などの接待交際費――戦略的に使用されているか

　顧客接点を増やすことは、営業戦略として重要なポイントです。経営

計画に盛り込まれ、戦略的に用いられている接待交際費は、利益を生むコストですが、戦略的でなければ利益を生みません。

第10条　携帯電話代、郵送費など通信費──「報・連・相」を促進する

　社外、社内のコミュニケーション（報告・連絡・相談）不足による損失は、会社全体のロスの多くを占めるといわれています。コミュニケーション促進のための費用であれば、利益を生む費用です。

　日々支出している１つ１つのコストについて、社員全員が「利益を生むコスト」か「利益を生まないコスト」かを意識する。これがコスト削減、そして業績アップの第一歩です。

原価管理のポイント①
すべての段階で無駄な支出を排除

　これまで解説してきたＱ＆Ａにもとづいて、原価管理のコツを復習してみましょう。

　建設会社の仕事で実践に応用できるよう、もう一度、原価管理全体をまとめてみます。

　まず、何のために原価管理をするのか、経営やビジネスでどんな相互関連を持っているのかを知っておくことが重要です。

　指示されたことを手順に従って原価管理をしているだけでは、利益確保はできません。手続きの意味や確認の目的を理解したら、それらを現場で自問自答することです。

　例えば、過払いにならないために出来高査定をするには、実行予算書を吟味したり、追加請求金額に立替支払いが含まれているかをチェックして見ることです。そのためには「自ら考えて原価管理できること」を十分意識することが必要です。

　それでは「原価管理の基本フレーム」を鳥瞰することから始めましょう。

原価管理の基本フレーム

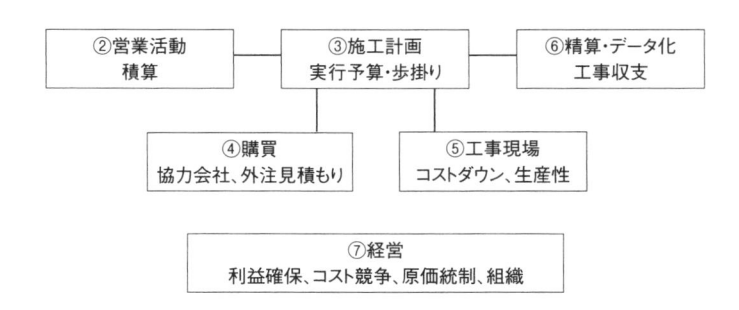

```
①基本知識・用語
建設工事で使用される用語＝手続き、ルール

②営業活動        ③施工計画          ⑥精算・データ化
積算             実行予算・歩掛り     工事収支

                 ④購買              ⑤工事現場
                 協力会社、外注見積もり コストダウン、生産性

⑦経営
利益確保、コスト競争、原価統制、組織
```

①**基本知識・用語の理解**

　建設工事に従事する人は、工事がどのように進むかによって、お金の管理方法が変化していくことに気づく必要があります。

　工事の受注から完成に至るまで、お金のやりとりは現場を通して行われます。この時の手続き、ルール（建設業会計や契約などの規定）に関して、基本知識を知っておく必要があります。まずは、よく使用される用語や略語です。

　例えば「取極（取決）」「出来高」「出面」など聞き慣れない言葉を理解することです。同時に、会社の血液としての利益がどのように体内（企業内）を駆けめぐっているかに関心を持つことです。ここが分かると、各部門（積算・購買・工事・経理など）の仕事が見えてきます。次に、このプロセスにおける原価管理の流れを知ることになります。

営業活動 → 施工計画 → 購買 → 工事現場 → 精算データ化

②**営業活動**

　工事が発注されるという情報を得るためには、営業担当者が動き回らなければなりません。人脈などを活用して「引き合い」に対応します。見積もり書を提出したり、建設予定の現場を踏査して工事概要を把握するところまでします。

　必ず受注できるという受注方法を「特命」受注といいます。一方、複数の会社で競争して入札する方法を「競争」入札と呼び、多くの場合、発注者は条件をつけ、入札に参加できる会社の資格を制限します。

　ここで、利益に優れた会社と劣った会社を比べてみましょう。

　A社は10件の工事に入札するため、営業担当者が動き回り、見積もり書を作成しました。2カ月間で人件費4人×50万円／月×2カ月＝400万円を使いました。結果的に、やっと1件1億円の工事を受注できまし

た。

　一方、B社は過去の発注者（施主）から「見積もりしてもらいたい」と引き合いがあり、その見積もり交渉で1億円の工事が受注できました。0.5人×50万円／月×2カ月＝50万円の人件費でした。

　A社、B社とも2カ月で1億円の工事を受注しましたが、要した人件費は400万円と50万円です。工事原価が同じだったとすると、利益は350万円の開きが出てくるのです。1億円の工事金額の4％と0.5％に相当する営業経費の差です。

　ということは、同じ利益を確保するという条件なら、B社はA社よりも350万円安い工事金額で受注できます。

　ここにコスト競争の原点があるのです。

　いかに経費、人件費を少なくして受注するかが、営業活動の効率化につながっていくのです。

　工事担当者が現場業務のかたわら現場を拠点に行う現場営業は、こうした点からも大切なことなのです。

　氷河期の建設業界では、コストのかかる部分を社内で補い、経費削減していくことが、生き残りのポイントになるのです。

③施工計画（実行予算と原価管理）

　工事受注後には現地調査をして施工計画を立案します。この計画の良し悪しがコストに大きく影響します。

　「段取り八分」という言葉は、この施工計画が不十分であると、手戻り、手待ち、やり直しなど、大きな損失を受けるものだという戒めを意味しています。

　作業方法にミスがあれば、お金が余分に支出されます。したがって、実行予算を作成して、これから実施しようとする施工計画の金額的裏づけを知ることが、現場における原価管理の中心になります。

　施工を熟知し、現地調査を十分行い、どんな施工手順でどれぐらいの

人、機械、材料を使うかを考えることが最重要になるのです。経験が浅かったり、先が読めない現場担当者では、実行予算の中身に不安が残ります。それを補うために、施工検討会を実施して、経験者の体験、教訓、知恵を共有していくのです。

④購買

　材料を調達し、施工の一部を協力会社に任せるには、契約交渉のプロが必要です。現場で契約交渉をする場合は、現場発注になります。会社が1本の窓口をつくって発注する場合は、会社購買発注になります。会社の方針によって、両者の方法は使い分けられます。現場発注を分散購買、会社購買発注を集中購買と呼びます。

　協力会社の能力を見極め、見積もり内容を吟味する必要があれば、作業内容を十分理解している専門家が購買に従事すべきです。ところが、手続きだけの購買担当が多いのです。これでは無駄な支出を抑える役目の購買担当が、ザルで水をすくっているようなものです。出ていくお金を査定する立場を十分認識していることが絶対条件になります。

　協力会社と下請契約を煮詰めていくことを「取極」といいます。

⑤工事現場

　施工中の原価管理は、ほとんど現場が担当します。

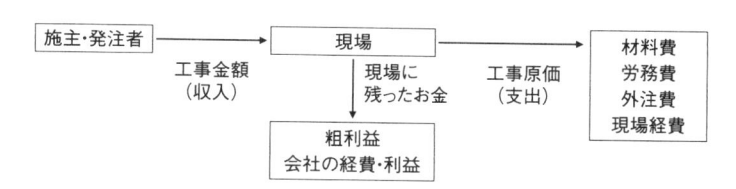

```
施主・発注者 ──→  現場  ──→  材料費
          工事金額        工事原価  労務費
          （収入）   ↓    （支出）  外注費
                 現場に              現場経費
                 残ったお金
                    ↓
                 粗利益
                 会社の経費・利益
```

　入ってくるお金（工事金額）と出ていくお金（工事原価）を毎日管理して、その余ったお金が粗利益になります。すなわち、粗利益とは「もう現場では使う（支払う）ものがない、現場に残ったお金だ」というこ

とです。

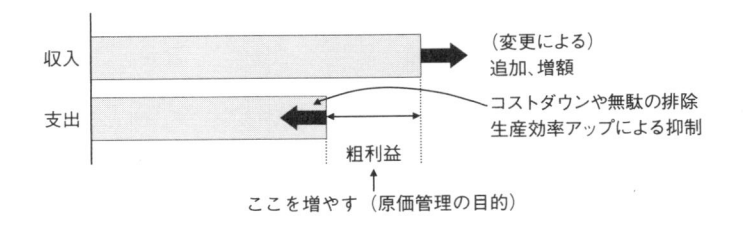

```
収入  ━━━━━━━━━━━━━━━━━▶  （変更による）
                            追加、増額
支出  ◀━━━━━━━━━━━         コストダウンや無駄の排除
              ↕                生産効率アップによる抑制
            粗利益
      ここを増やす（原価管理の目的）
```

　収入を増やし、支出を減らして、粗利益を大きくすることが、現場の原価管理の目的です。現場の人の知恵、努力次第で粗利益は変動します。
　例えば、生コン打設において、日が暮れそうなので数量を多めにして発注し、早く終了しようとしました。すると3㎥もコンクリートが余ってしまいました。5万円の損失です。
　このように数量管理が甘くなると、やがて何百万円もの支出増になってしまいます。無駄遣いばかりして、いつもお金がないとぼやいているだらしない人と同じです。こんな現場責任者は、信頼されないばかりか、事故や失敗を起こしがちです。
　現場のコスト（原価）をしっかり把握している人は、材料をきちんと片付け、どこに何がどれだけ置いてあるかを分かっています。このような人は、段取りや発注にほとんどミスがありません。厳しい作業管理をしているので、工程も日々チェックされ、遅れがありません。
　作業が遅れると、人や機械を投入して遅れた分を挽回しようとします。それが支出増加につながり、原価は膨らんでいきます。

⑥精算・データ化
　こうした現場の状況次第で、コストが変動していくものだと肝に銘じておくことです。「自分の財布からのお金じゃない」という感覚で現場のお金を動かしているようでは、利益を追求する資格はありません。

同時に、現場が終了しても、次の工事へ活かすため、コストに関する施工データ（歩掛り、生産性、工程、ロス率など）を蓄積していくことが会社の財産になります。

　例えば、コンクリート1m³当たり鉄筋が何kg含まれているかを類似工事で比較しておけば、「おかしいな？　この設計は鉄筋量がかなり少ない。構造計算を再度チェックしたほうがいいぞ」というように、構造計算の欠陥を未然に見抜くこともできます。

⑦経営

　現場で残ったお金が経営の源泉になるわけです。だからこそ、工事全体の収益を厳しくチェックし、原価統制を図っていかなくてはなりません。利益の見通しや生産性の良し悪しを判断できる経営資料も、原価管理の中から作成されます。

　社員（技術者）1人当たりの完工高が他社と比べて低くないか、低いのであれば、手間のかかる小さな仕事ばかりなのか、それとも仕事の進め方が悪いのか。こうしたチェックをしていくことで、自社の弱点が見えてきます。

　次に、その弱点を改善するため、人事異動を行って組織を強化、補強していくことも考えなければなりません。

　会社として利益を出せる体質にすることが、生き残っていく絶対条件だからです。

　以上の①～⑦の項目は、本書の第1章～第6章に対応しています。
　ここで述べた項目を、各章の中からもう1度読み取ってください。
　次ページから、お金のコントロールの着眼点をまとめておきます。

原価管理のポイント②
お金のコントロールの着眼点

工事原価と現場の関係

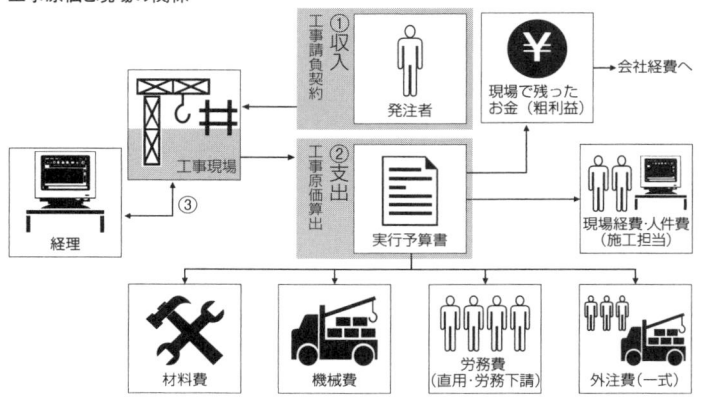

①収入——入ってくるお金の着眼点

工事請負契約（下請契約の多くの場合「注文書」）から利益に影響する項目を十分把握しておくことが重要です。例えば、次の項目をチェックしてみましょう。

工期
- 手待ちや計画変更により延期されたとき、どんな特約があるか
- 責任の範囲、それに要する費用負担など明確な基準があるか

条件
- 支払い条件 → 現金比率、出来高査定の方法に疑問はないか
- 施工条件 → 責任施工の範囲、検査方法はあいまいになってないか
- 追加変更処置、協議 → 明確な基準が明記されているか。不利な内容には是正の回答をする

②支出——出ていくお金の着眼点

　工事原価算出（「実行予算」によって使うお金の内訳をつくる）で、注意すべき点は次のとおりです。

主要コスト
- 主要材料、機械、労務は、日々、数量計算できるようになっているか
- 外注費は「どこからどこまで、どんな条件で発注するか」が明確になっているか
- 外注費の交渉内容が単価や金額だけで終始していないか。施工条件や作業方法を話し合うことが、原価管理のデータ蓄積につながっていく

施工人件費
- 現場担当者の給与、賞与、保険、退職金の引当を標準化して実行予算に含めているか
- 場合によっては工事統括者の人件費も各現場に案分することもよい。現場の原価は、人件費抜きでは意味がない。コスト意識低下の原因になる

③現場と経理——ダブルチェックの必要性

　現場と経理が無駄な支出をなくし、利益を残すために、チェックすべき点は次のとおりです。

現場
- 主要材料、機械、労務の出面(でづら)をとって、日々の数量を予算と比較しているか
- 外注費は注文書と比較して出来高を読み取っているか（過払(かばら)いの防止）
- 協力会社との追加・変更交渉にあたっては、その都度メモをとって、

やったこと（材料、機械、人を使った数量）を記録しているか
- 追加・変更のメモは別途契約工事（見積もり書）につながっていくため、見積もり内訳をただちに発注者（または元請）へ提出しているか。このメモは別途契約工事を実施した事実を第三者的に立証するために重要である
- 変更、手待ち、中断などをビジネスとして割り切り、かかったお金・数量を明示して相手と打ち合わせているか。自社にも非があり、お互い相殺することも多い。この駆け引きがビジネスである

経理
- 支払い先への振り込みにあたっては誰の決裁をとっているか
- 担当者は実行予算書、注文書、外注支払い予定表、支払い先一覧表などを活用して、出ていくお金の照査・監視をしているか
- 不明な点（金額、内容、条件）を現場代理人に、その都度確認をとっているか。お金を外へ支出するときは、実行予算書、注文書、外注支払い予定表などと照査し、必ず決裁者が最終確認する。この存在が金庫番である

　現場は大金を預かっています。その使い方は現場代理人に任されています。そのため、実行予算書を作成して、出ていくお金を計画し、事前に会社の了解を取りつけておきましょう。
　実行予算は出ていくお金（使うお金）の死守すべき枠です。
　そうはいっても、現場は忙しく、お金よりも施工品質を優先し、その日の作業を完了しようと努力しているので、発生しているお金（出来高）は後日計算することもあります。作業終了して、「こんなにお金がかかっているとは！」と驚くこともしばしばです。あるいは、協力会社からの出来高請求をろくに見ないで、判を押して経理に渡すこともあります。
　そのうえ、経理が機能していないと、そのまま協力会社に支払ってし

まいます。
　どこがダブルチェックするのか、監視役を果たすのかという問題になります。
　「出ずるを制す」は、出ていくお金を厳しくチェックすることで、無駄な支出、二重払いを防ぐだけでなく、社員にコスト意識を持たせる一方、甘い考えを抱いたり、不正を行うすきを与えない効果があります。

著者紹介

中村　秀樹（なかむら・ひでき）
名古屋工業大学土木工学科卒後、住友建設（現三井住友建設）入社。米国の建設会社に出向し建設マネジメントを修得後、北極海石油開発プロジェクトやシンガポール地下鉄工事に参画。その後、日本コンサルタントグループ建設産業システム研究所の技術経営コンサルタントとして企業コンサルティング、技術者教育、コストダウン実施指導に情熱を注ぐ。著書は「施工と管理——実践ノウハウ」(オーム社・共著)、「安全活動にカツを入れる本」(労働調査会・共著) など多数あり。

志村　満（しむら・みつる）
東海大学工学部建築学科卒業後、ゼネコン、デベロッパーを経て、1994年より日本コンサルタントグループにてコンサルタントとして活躍している。一級建築士、一級施工管理技士、全能連認定マスターマネジメントコンサルタント(J-MCMC15057)。著書は「コスト管理の仕組みづくり」「ダンピングなしで勝つ——新・建設受難時代の営業活動」「建築工事 施工管理の極意」(以上、日刊建設通信新聞社刊) など多数あり。

降籏　達生（ふるはた・たつお）
大阪大学工学部土木工学科卒業後、ゼネコンを経て1999年ハタ　コンサルタント株式会社を設立、代表取締役に就任。建設業の経営革新、現場代理人育成などを手がける。技術士（総合技術監理、建設部門）、APEC Engineer(Civil, Structural)、労働安全コンサルタント。著書は「今すぐできる建設業の原価低減」(日経BP社)、「技術者の品格」(ハタ教育出版) など多数あり。

建設業コスト管理の極意

発行日	2010年 3月 1日　初版第1刷
	2011年 5月12日　初版第2刷
	2012年 6月29日　初版第3刷
	2012年12月12日　初版第4刷
	2015年 2月 4日　初版第5刷
	2017年 1月10日　初版第6刷
	2019年 4月26日　初版第7刷
	2021年 1月22日　初版第8刷
著　者	中村秀樹　志村　満　降籏達生
発行人	和田　恵
発行所	株式会社　日刊建設通信新聞社
	〒101-0054　東京都千代田区神田錦町3-13-7
	名古路ビル2階
	TEL 03-3259-8719　FAX 03-3233-1968
	http://www.kensetsunews.com
ブックデザイン	柴田尚吾
印　刷	株式会社シナノパブリッシングプレス

©2010　Printed in Japan
落丁・乱丁はお取り替えいたします。
®本書の全部または一部を無断で複写複製(コピー)することは、著作権法上での例外を除き、禁じられています。本書からの複写を希望される場合は、日本複写権センター(TEL 03-3401-2382)にご連絡ください。
ISBN978-4-902611-31-1